做有影响力的图书

没伞的孩子

必须努力奔跑

胡木木 著

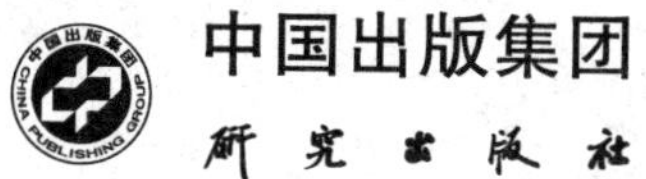
中国出版集团
研究出版社

图书在版编目（CIP）数据

没伞的孩子必须努力奔跑 / 胡木木著. -- 北京：研究出版社，2018.7

ISBN 978-7-5199-0464-7

Ⅰ. ① 没… Ⅱ. ① 胡… Ⅲ. ① 成功心理－通俗读物 Ⅳ. ① B848.4-49

中国版本图书馆 CIP 数据核字 (2018) 第 166302 号

出 品 人： 赵卜慧
责任编辑： 寇颖丹

没伞的孩子必须努力奔跑
MEISANDEHAIZIBIXUNULIBENPAO

作　　者： 胡木木 著
出版发行： 研究出版社
地　　址： 北京市朝阳区安定门外安华里 504 号 A 座（100011）
电　　话： 010-64217619　64217612（发行中心）
网　　址： www.yanjiuchubanshe.com
经　　销： 新华书店
印　　刷： 三河市北燕印装有限公司
版　　次： 2018 年 10 月第 1 版　　2018 年 10 月第 1 次印刷
开　　本： 880 毫米 ×1230 毫米　1/32
印　　张： 8 印张
字　　数： 102 千字
书　　号： ISBN 978-7-5199-0464-7
定　　价： 36.00 元

目　录

◀◁◁

第六章

第七章

第一章

你坚持的梦想，终会让你闪闪发亮

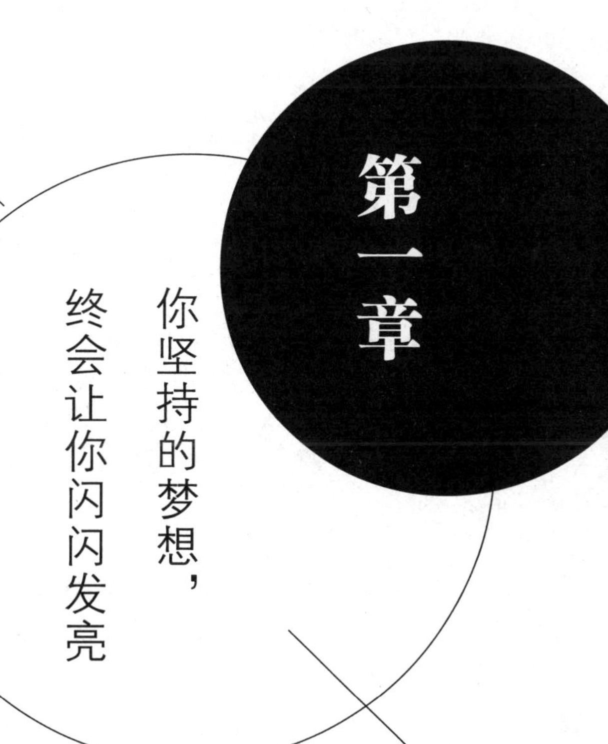

■ 你坚持的梦想，终会让你闪闪发亮

关于梦想，马云曾说过一段很经典的话。他说："第一，要有梦想。一个人最富有的时候是有梦想，有梦想是最开心的。第二，要坚持自己的梦想。有梦想的人非常多，但能够坚持的人却非常少。阿里巴巴能够成功的原因是我们坚持下来了。在互联网激烈的竞争环境里，我们还在，是因为我们坚持，并不是因为我们聪明。有时候傻坚持比不坚持要好得多。"

对梦想的坚持，才是让自己的人生闪闪发亮的根本原因。

要知道，很多人或许还没有成功，或许还在别人的漠视和嘲笑中默默努力着。但不管怎样，有一点是可以肯定的，只有坚持梦想，才有可能取得成功。梦想的力量有多大，或许，你能从下面这个事例中感受到。

他一向是个听话的孩子，善良，待人和气。然而，在填报大学志愿时，他和父亲发生了激烈的争执。最后，他违抗父亲的意愿，坚决报考了美国伊利诺伊大学的戏剧电影系。但在美国电影界，一个没有任何背景的华人要想混出名堂来，太难了。

从 1983 年起，他经过了六年漫长而无望的等待，大多数时候做都是帮剧组看器材、做剪辑助理、剧务之类的杂事。最痛苦的经历是，他曾经拿着一个剧本，两个星期跑了三十多家公司，一次次面对别人的白眼和拒绝。那时他已经将近 30 岁了。

古人说:“三十而立。”而他连自己的生活都还没法自立。

他每天除在家里读书、看电影、写剧本外，还包揽了所有家务，负责买菜、做饭、带孩子。有时候，还要面对邻居的指指点点、冷嘲热讽。

这样的生活对一个男人来说，是很伤自尊心的。有段时间，他的岳父母让妻子给他一笔钱，让他拿去开个中餐馆，也好养家糊口，但好强的妻子拒绝了，把钱还给了老人家。他知道了这件事后，辗转反侧想了好几个晚上，终于下定了决心，也许这辈子电影梦离他太远了，还是面对现实吧！

后来，他去了社区大学，看了半天，最后心酸地报了一门电脑课。

在那个生活压倒一切的年代里，似乎只有学电脑可以在最短时间内让他有一技之长了。那几天他一直萎靡不振，妻子很快就发现了他的反常，细心的她发现了他包里的课程表。那晚，她一宿没和他说话。

第二天，去上班之前，她要上车了，却突然站在台阶下转过身，一字一句地告诉他："你要记得你心里的梦想！"

那一刻，他心里像突然刮起一阵风，那些快要淹没在庸碌生活里的梦想，像那个早上的阳光，直射进心底。妻子开车走了，他拿出口袋里的课程表，慢慢地撕成碎片，丢进了门口的垃圾筒。

后来，他的剧本得到了基金会的赞助，他开始自己拿起摄像机；再后来，他拍的一些电影开始获得国际奖项。这时，妻子重提旧事，说：“我一直就相信，人只要有一项长处就足够了，你的长处就是拍电影。学电脑的人那么多，又不差你一个！你要想拿到奥斯卡的小金人，就一定要坚持心里的梦想。”

不管这个曾经的梦有多遥远，如今它毕竟实现了。

这个人就是李安，电影史上第一位于奥斯卡奖、英国电影学院奖以及金球奖三大世界性电影颁奖礼上夺得“最佳导演”的华人导演。

和李安类似的励志故事还有很多，毫无疑问，正是因为他们对梦想的坚持，最终才让自己的人生闪闪发亮。

不要奢望生活中的每一个人对我们都是善意的，当然，对我们表达善意的人，我们要心怀感激；但也别急着排斥那些让自己不快的人或事，他们的存在很可能会推着我们一步步往前，不断成为更好的自己。

这个世界不会总对你保持和风细雨的态度，尤其是当你不够强大时，更难免受到冷嘲热讽。但等你有一天变得真正强大时，你会发现，那些当年让自己不快的人或事，现在看来，无一不是对自己难得的磨炼。

只是，你要明白，勇敢的人，不仅是可以在面对质疑声音的时候按既定的路继续走下去，还在于能拥有将一切酝酿于心的沉稳和即使无人陪伴也能继续向前的底气。所以，不论别人如何对你，你都要学会迅速调整自己的步伐，毫无畏惧地朝前走。

你坚持的梦想，终会让你闪闪发亮！

■ 每个人的生命里，都有一段孤独的时光

在美国作家加·泽文的知名作品《岛上书店》中，有一段让人印象深刻的话：每个人的生命中，都有最艰难的那一年，将人生变得美好而辽阔。

这句话之所以能够打动无数读者，是因为很多优秀的人都懂得，每个人的生命历程中，都会有一段不被人理解不受人关注的时光。在那些日子里，我们都会觉得成功遥遥无期，总是会忍不住开始怀疑自己，否定自己。

那段艰难的时光是人生中必须经历的日子。在那些默默无声的日子里，我们始终不停地积累和沉淀着，为日后的闪耀积攒足够的能量。

无独有偶，某知名报纸上的一篇科学报道，也表达了相同的观点，令人深有感触。报道的内容如下：

三万二千年前，西伯利亚东北部的松鼠将果实深埋地下，深至永冻层，后来洪水席卷了那个地方，果实被永远地密封在地下。直到 2007 年才被发掘出来，一队科学家拿到了那些果实，并培养出了成活的植物。

你看，不论潜藏多深，掩埋多久，只要不自我毁灭，总有重生的时刻。只要自己不放弃自己，相信经过人生中的艰难时刻，我们都可以迎来美丽的风景，绽放属于自己的光华。

正是在这无人陪伴的深海中，你才有可能与自己对话，找到真正渴望的东西，使之成为支撑你一生的光源。

一个人在正常环境下的表现说明不了什么，在无人监督、无人施压的环境下的行为举止才能体现他的真正格局，这才是他的独特之处。

看他困顿窘迫时，看他悲伤寂寞时，看他疲惫劳累时，看他生气激愤时，他的表现，这才是向世人展现光华的时刻。

聚光灯之下，每个人都会以最美丽的妆容现身，可是在夜幕之下，你是否还能坚持以最好的姿态出现？一帆风顺之时，每个人都能从容轻松地顺流而行，可是在逆风激流之时，你是否还能掌好船舵一往无前？寒冬之下，那独自俏丽的梅花才尤为惊心动魄；深海之下一个人的坚持才更为打动人心。

你要记得，你才是承载一切美好，绽放所有光华的本体。所有人生路上的曲折坎坷都是为了协助你完成这场绚烂表演的铺垫、背景和旁白。

他出生于辽宁沈阳，从小就喜欢音乐。九岁那年，为了让他的爱好有所发展，父亲放弃了自己热爱的工作，陪他来到北京中央音乐学院学习钢琴。

尽管他还是一个孩子，但他非常懂事，也非常刻苦，除学习文化课外，他每天都坚持练琴八小时以上。一段时间下来，他已能熟练地弹奏柴可夫斯基的《第一钢琴协奏曲》和拉赫玛尼诺夫的《第三钢琴协奏曲》，而这两首曲子的难度都相当高。

正当他沉浸在进步的喜悦中时，一天晚上，居委会的大妈气冲冲地敲开了他家的门。为了表达邻居们的愤慨，那位大妈毫不客气地对他说："你不要再弹琴了，你的琴声实在吓人，吵得大家都无法休息。你以为你是谁呀！贝多芬，克莱德曼？趁早收起那份心吧，学琴的人多得是，你看有几个人能真正出名呢？"

不仅如此，在学校里，许多同学都看不起他，嘲笑他是一个土包子，嘲笑他癞蛤蟆想吃天鹅肉。

更令他难受的是，一位钢琴老师也泼他的冷水说：“以你这样的资质，再过一百年，也不可能成为一位钢琴家！”

他心灰意冷地回到租住的筒子楼里，哭着对父亲说：“我讨厌北京，讨厌钢琴，讨厌这里的一切，我再也不学琴了。”

父亲听后，语重心长地说：“孩子，不要在乎别人说什么，也不要抱怨命运的不公，要想让别人欣赏自己，你就要先让自己变得优秀，那么你就要比别人更努力。”听了父亲的话，他似懂非懂地点了点头。

从那以后，他一心一意地练习钢琴，不管别人怎样打击他、讽刺他，他始终不放弃自己心中的梦想。

后来，当初这棵毫不起眼的小树苗，长成了一棵参天巨树，年仅十七岁就享誉全球，万众瞩目。

他就是被誉为“当今世界最年轻的钢琴大师”“一部钢琴的发电机”“中国的莫扎特”的著名

钢琴家郎朗。

也许你的头顶没有太阳，总是黑夜，但它并不是一团漆黑，因为有东西可以代替它带来光亮。虽然没有太阳那么明亮，但对深海中的自己来说已经足够。凭借着这束光，便能把黑夜当成白天，便能从绝望中看到希望。这光由自我发出，虽然微弱，却永不熄灭。

阳光固然美好，却也会随时隐退，唯有来源于你自己的光芒，才真正由你把握。

更何况，为什么要指望别人给你的那点热情去生活呢？为什么不能争气一点儿，让自己成为吸引这个世界的焦点呢？

前人说得好，这世上有三样东西是别人抢不走的：一是吃进肚里的食物，二是藏在心中的梦想，三是装进大脑的智慧。

每一个优秀的人，在他们成功之前，都会经历一段孤独的时光。那段时光你要忍受寂寞，忍受别人的冷眼和非议，面对生活的不公。

当然，你或许无法改变环境，但你可以决定对待它的态度和自处的方式。当你不绝望，不抱怨，重振自我，重启梦想时，哪怕在深海里独自寂寞，依然可以成长为一个有追求、会发光的人生赢家，绽放耀眼的光华。

其实，人生是一个自我修行与修炼的过程，当你发现了自己生命与工作的意义，找到了自己的方向，就应该耐得住寂寞，经得起诱惑，驱除掉浮躁，扛得起挫折。

想要成功的人，一定要记住：想要成功，就要先经历一段没人支持、没人帮助的黑暗岁月，而这段时光，恰恰是沉淀自我的关键阶段。犹如黎明前的黑暗，挨过去，天也就亮了。

■ 忍是成功路上必不可少的功夫

生活中，没有谁是可以随心所欲地生活的，总会有一些不如意，或者心想而事不成的时候。一些人不懂得忍，他们往往会因为一些小得不能再小的事儿，让自己气急败坏，大发雷霆。自己和自己过不去，结果吃苦头的还是自己。

人有的时候就是这样的，自己无缘无故地发怒以后，就连自己也不知道为何发那么大的脾气。

所以说，当你感觉自己要发脾气的时候，要让自己学会忍住，如果学不会忍，不仅伤害了身边的人，自己也不会好受。 不随便生气，就要求我们多学点忍的功夫。

人生有很多事，需要忍。人生有很多话，需要忍。人生有很多气，需要忍。人生有很多苦，需要忍。人生有很多欲，需要忍。人生有很多情，需要忍。 忍让，作为中华民族的传统美德，有许多历史典故和名人名言为后人所铭记和推崇，“退一步海阔天空，忍一时风平浪静”“将军额上可跑马，宰相肚里可撑船”“忍得一时之气，免得百日之忧”等，这都是对忍让境界的诠释。历史经验告诉我们：

忍让是一种智慧，忍让是一种修养，忍让是一种风度，忍让是一种美德。

忍是一种眼光，忍是一种胸怀，忍是一种领悟，忍是一种人生的技巧，忍是一种规则的智慧。

孔子曰："小不忍则乱大谋。"道家把"忍耐"看成是全身远祸的法宝。清代曾国藩则认为："面对命运，忍耐似乎是走向成功的唯一法门。"人的一生是不断奋斗的历程，在这奋斗的过程中，必然有胜负，有得失，但只要具备忍耐的胸怀，不管有多大的压力，都会风平浪静、化危为安。

别人能忍的，我要忍；别人不能忍的，我更要忍。但"忍"不是压抑自己，而是把情绪淡化，让它无影无踪，没有恨的影子，事态的发展才会是良性的！不去和别人争辩无用功，不逞口舌之快，别人的事是别人的事，别人有别人的看法，自己有自己的评价。如果观点不一，也不必因此争得面红耳赤。更不必去把自己的观点强加于人，毕竟每个人都有自己的看法。 学会了忍，人才能成长，才能成熟。

很多时候，成功者与失败者的区别并不是才能和机遇。失败者也不乏艰苦的劳作和智慧。他们仅仅败在了那一点点的坚持和忍耐上，这或许是一年，或许是一天，也或许仅仅是一遍鸡鸣。

据传，酒神曾向两个乞求酿酒之法的人授以诀窍：精选五月初五端午当日之饱满谷粒，与冰雪初融时清冽之水调和，注入千万紫砂铸就之陶瓮，再以初夏迎接第一缕阳光之新荷将其盖紧，紧闭九九八十一天，直至鸡鸣三遍方可启封，则酒成矣。

二人历尽千辛万苦，克服重重艰难险阻，才将所有材料备齐。依酒神吩咐，二人将酿酒材料调和之后密封于陶瓮之中，然后，专心等待那激动人心的时刻。

等待是如此漫长……就好像很多等待成功的年轻人一样，等待，总是令人难熬的。终于熬到了第八十一天。两人彻夜难眠，等着鸡叫。这时，远远传来了第一声鸡叫。似乎过了很久很久，才依稀传来第二遍。究竟何时才能听到第三遍呢？

其中一人忍耐不住，迫不及待地打开了陶瓷。令其惊讶的是，陶瓮里只是一汪又苦又酸的浑水。他后悔至极，失望地把酒液泼在了地上，他感到整个世界都抛弃了他。而另一个人，虽然也特别想知道酒到底酿成功没有，但他下定决心坚持到最后。第三遍鸡叫终于响彻天空，他打开陶瓮：扑鼻而来的美酒是如此甘甜清澈、沁人心脾。

忍耐是成功路上不可缺少的功夫，也可以说，很多时候，在同等的条件下，不是比谁的智慧高低，而是看谁的忍耐力强。酿酒如此，其他事又何尝不是如此？纵观古今，在各行各业，谁的成功不需要忍耐呢？

孔子的“克己复礼”是忍耐，他的思想至今在全球各个角落都散发着璀璨的光芒，成为许多国家提倡的奉行之本。朱元璋在取得基本性胜利之后的

“高筑墙、广积粮、缓称王”是忍耐，终于成就一番大事业。项羽少了一份“卷土重来”的忍耐，最终却是霸王别姬，饮恨乌江。韩信甘愿受胯下之辱是忍耐，终于成就一番千秋伟业。刘备与曹操青梅煮酒论英雄是忍耐，曹操说天下英雄唯使君与操尔，刘备巧借闻雷来掩饰，韬光养晦，日后才有三足鼎立之局面。

善于忍耐的人，把挫折当作经验，卧薪尝胆，韬光养晦，积蓄能量，无怨无悔，以苦为乐，等待时机再成正果。

不善于忍耐的人，遇事情不顺时，拍案而起，拂袖而去，倒是痛快，也许失去的是永远的机会。忍字头上一把刀，忍耐会有痛苦；忍字下面一颗心，忍耐会受煎熬；忍耐就好似手刃自己的心，需要时间等待伤口慢慢愈合；忍得头上乌云散，拨开云雾见阳光。

就像一颗璀璨夺目的珍珠，原本不过只是一粒丑陋的沙子，毫不起眼地待在一个不为人知的角落里。直到一天，它被冲到了大海里，再被裹进贝壳中，经过不知多少年漫长的忍耐，终于有一天成为晶莹、光滑的珍珠。

每颗珍珠原本都是一粒沙子，但并不是每一粒沙子都能成为一颗珍珠。一个人要想卓尔不群，就要有鹤立鸡群的资本，承受不住忽视和平淡，就很难达到辉煌。只有经过常人不能接受的忍耐，才能让自己从一粒沙子变成一颗价值连城的珍珠。

说白了，忍耐其实就是一种执着、谋略、意志、修养、信心，忍耐更是一种成熟人性的自我完善，是一种主动收缩和战略调整。善忍耐者必然有着大智慧、大视野、大心胸。

■ 无须讨好别人，只要做好自己

生活中，有些人只在意别人的看法，习惯于讨好别人，而忽视自己内心的想法。这样的人因为不想让别人不开心，不敢表露自己真实的想法，生活在别人的看法里，这样只会让自己越来越累。

而且，你会发现，生活中总是不缺少喜欢品头论足、好为人师的家伙。你穿了一件新款式的衣服，他说面料太差了；你没日没夜地辛苦工作，他说你是故意做给上司看；你设计了一个新的产品创意，他说好像在哪里见过这个创意……

在人生的旅途中，谁都难免会遭到别人的非议和异样的目光，这时候，每个人的内心都难免会因此感到气愤。但千万不要真生气，你的愤怒只会让那些喜欢品头论足的人更加兴奋。记住但丁的名言：走自己的路，让别人去说吧。它告诉我们，人生是活给自己看的。

李军是一个没有主见的人，做事的时候常常左右摇摆不定。刚大学毕业，李军应聘到一家公司上班，谁知道第二天就遇到了一个尴尬的问题。那天，急忙冲进电梯的李军，发现后面站着的正是昨天刚见过的公司副总，也是人力资源部的主管。

李军开始犹豫要不要回过头打招呼，但是他怕自己显得太巴结，又担心人家不一定能记住他，还要当着电梯里所有人作自我介绍。

于是他下定决心，就当没看见。没想到后来给副总的秘书送报告，刚巧副总从办公室里出来，却像没看见他一样，目光飘得很远。他开始后悔电梯里的行为，心想副总一定在电梯里看见他了。

没过多久，更倒霉的事情来了。上司带着李军，一起陪着副总和客户吃饭。因为上次的事情，李军很想借这个机会与副总搞好关系。但是整个过程中，他几乎没有任何表现，仅仅是在内心进行了无数次的挣扎。他被自己太多的想法搅得像个傻子。

在去酒店的途中，刚开始上司和副总说公司的事情。他想，公司的事情，我这个新人不好插嘴，就一直保持沉默。中间副总咳嗽了一阵，他很想趁机问问，副总你生病了吗？但是这个念头一出，他自己都觉得害臊，“谄媚”这个词一下子就冒出来了。

倒是他的上司开口了：“最近身体不好？”副总

叹了口气说，老毛病，一到秋天就犯。于是他们又聊到生活。中间李军几次想参与到话题中，又想，人家关系熟悉才谈这么亲近的话题，你有什么资格参与？不要搞得像隔着我的上司巴结副总一样。所以整个途中，他都是因内心反复纠结而沉默不语。

吃饭的时候，他简直不知所措了。因为觉得自己地位低下，所以敬酒这种场面上的事情自然应该沉默。与对方公司交流、谈天这种事情，他似乎也不知道从何说起，他的主管事先完全没有对他交代过。李军觉得自己就像空气一样，干坐在一边。主管后来要他表现一下新人的风范，去给对方的副总敬杯酒。他立刻说自己不会喝酒，敬果汁可以吗？轻松的气氛一下子又没了……

这个故事，看上去好像是因为主人公不会圆滑处事，内心有太多的个人想法；实际上小李的心态波动、犹豫不决，其实就是因为被许多有形的、无形的看法所左右了，同事们的以及主管副总的、社会道德的身份观念等也深深影响着他，于是他最后做的，反倒不是自己真正想做的事。

总是想讨好别人，就会太在意别人的看法，难免会让自己的内心因别人的评价而波动，对于别人的话，你就会未加思索便欣然接受。一旦你接受了别人的信念，就如神经系统被下了一道紧箍咒，你的现在和未来，都会受到它的影响。

人最大的弱点，就是太看重别人的看法和反应，顾虑重重，将本来挺简单的事情办得复杂化了。

一个人想主宰自己的人生，就无须刻意讨好别人，只要做好自己，坚持走自己的路，做自己的事，不活在别人的看法中。总之，生活中，你要知道，人是活给自己看的，并不是为了迎合别人的期待，这样才能活出自己人生的精彩。

■ 你能够梦想的，就一定能实现

在美国宇航中心的大门上，写着人类对宇宙的一句豪迈宣言：只要人类能够梦想的，就一定能够实现。

这句话确实说得很好。欲做非凡事，先做非凡梦。每一个成功者都是敢于坚持自己梦想的人！事实上，如果一个人总是以“不可能”来禁锢自己，那么他注定难有辉煌。要知道，即使我们真的碰到了“不可能”，我们至少可以这样认为：不是不可能，只是我们暂时还没有找到解决问题的方法而已。

关于这句豪迈宣言的来历，其中还有一个鼓舞人心的动人故事。

在美国，有一对喜欢玩耍的小兄弟，经常跟随着他们的父亲去放牧。一天，他们躺在草地上，仰望着蓝天白云，突发奇想，要是自己也能长出翅膀像鸟一样飞上天空，那该多好啊。

这时，一群大雁飞过他们的头顶，他们从草地上一跃而起，想跟随着大雁一起“飞”，可他们怎么也飞不起来。他们沮丧地问父亲，为什么大雁能飞，而他们不能飞？

“只要你们想飞，你们就能飞起来。”父亲肯定地告诉他们。

“我们想飞，可为什么还飞不起来？”

“那是你们想得还不够。”

小兄弟俩信以为真，便每天想着如何让自己飞起来。无论是酷暑还是寒冬，他们从不放弃。1903年，他们根据风筝和鸟类的飞行原理，制造出了人类历史上的第一架飞机。他们终于腾空而起，成功地飞上了理想的蓝天。

这对小兄弟，就是飞机的发明者——美国莱特兄弟。

心中有了梦想，就会产生巨大的力量，它能够使平凡的事情产生神奇的效果，在心中埋下梦想的种子，就有希望能够开出美丽的花朵，结出丰硕的果实。

梦想让你对明天充满了信心，使你能够感觉到自己的能力，其作用是其他任何东西都无法替代的。

不管你的天赋怎样高，能力怎样大，知识水平怎样多，你的事业上的成就总不会高过你的梦想。正如一句名言所说：“他能够，是因为他认为自己能够；他不能够，是因为他认为自己不能够。”

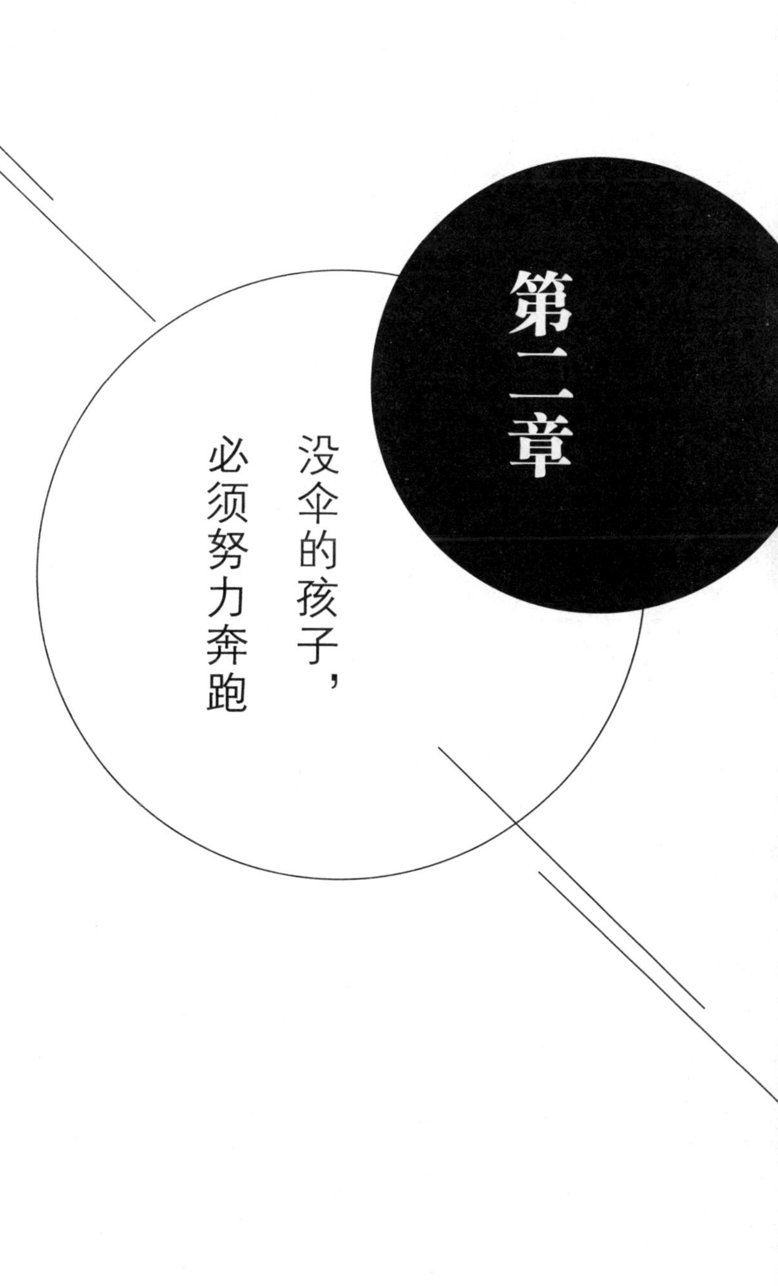

第二章

没伞的孩子，必须努力奔跑

■ 只要扛得住，世界早晚是你的

一位钢琴家在获奖后接受采访时说了一句话："你们只看到我赢了多少奖，没看到我输了多少奖。"

我的脑子里浮现的，是发生在我身边的一个真实的故事。

有一位年轻人在某机关工作，单位效益还不错，工作也清闲，每天写写材料，改改文件，生活过得波澜不惊。

一晃十年过去了，年轻人除身材有些发福外，事业上毫无建树，与他那些同学比起来，简直一个天上一个地下。年轻人十分郁闷，不知道问题出在什么地方。

一天，他遇到一位他上大学时的教授，并向他说起自己的苦恼。

教授听后，先是有几分惊讶，毕竟他曾是老师和同学眼中的高才生，现在变得如此庸常，着实让人有些意外。

但当教授听了年轻人后面的倾诉后，立刻意识到了他失败的根源所在。教授问：“除工作以外，你每天都干些什么呢？”年轻人回答说：“喝喝小酒，打打麻将，玩玩游戏，看看电影……”

教授听后没有过多地指责年轻人，而是语重心长地说：“你听说过沙丁鱼的故事吗？”年轻人摇摇头。

教授接着说：“很久以前，北欧人喜欢吃沙丁鱼，可是市场上却很少有鲜活的沙丁鱼出售。究其原因，沙丁鱼喜欢密集群栖，喜欢安静、平衡的环境，在运输过程中，极容易造成缺氧，使大部分的沙丁鱼窒息而死。

“为此，渔民们伤透了脑筋，想了很多的办法，但都收效甚微。

后来，有一位经验丰富的渔民想出了一个办

法，他在装沙丁鱼的水箱里放入了一条鲶鱼。鲶鱼生性好动，当它到了一个陌生的环境后，更是左冲右突，四处摩擦。而沙丁鱼见到异类入侵，感到十分紧张，不由自主地游动躲避，从而保证了氧气的供给，有力地存活了下来。”

年轻人听后说：“这的确是一个好办法，但它与我的现状有什么关系呢？”

教授微笑着说：“你就像生活在大海中的一条沙丁鱼，生活安逸而舒适，没有什么压力，也没有什么后顾之忧，这就造成了你安于现状的心理，虽然你很想有所作为，但你又害怕改变，害怕失去现有的生活，害怕面对各种各样的挑战，久而久之，你心里的那点儿棱角就被磨平了。”

年轻人惭愧地低下了头，教授的话完全说到了他的心坎里。这些年来，他一直在原地踏步，一方面他渴望成功，另一方面又不想再作努力，就这样做一天和尚撞一天钟——得过且过。

年轻人若有所悟，教授又继续说道：“其实，人跟沙丁鱼一样，都是有惰性的，如果没有外界环境的刺激，就算一步步走向死亡的深渊，也丝毫不会察觉。而当人有了忧患意识，有了强大的竞争对手后，就会积极行动起来，不断地充实自己，武装自己，从而找到新的出路。”

听了教授的话，年轻人终于明白了一切。从那以后，他不再彷徨，也不再抱怨，而是利用业余时间，不断地学习各类知识，并给自己定下了一个长远目标。多年后，他成了一位小有名气的设计师。

所以，我想对那些尚未成功而一直在拼命努力的年轻人说，别害怕生活中的那些困难，其实，它们都是你成熟之前必须要经历的！

俄国伟大的作家托尔斯泰就是从一次又一次的挫折中站起来，重新审视自己，最终才成为文学泰斗的。

中国女排在雅典奥运会上，从开始失利，到最后扭转战局，惊心动魄。她们不单单是顶住压力，更是将其化为动力。

巴尔扎克也说："压力是天才的晋身之阶，信徒的洗礼之水，能人的无价之宝，弱者的无底深渊。"

在远古时候，煤和钻石属于同一种物质，但经过上亿年的时光，它们却成了两种不同的物品。那么，是什么造成的呢？

是压力的作用！由于所受的压力不同，各自的转化方向也不一样，受压力小的变成了煤，而受压力大的变成了钻石。

感谢压力吧，压力并不是绝对的坏事，它会激发人的斗志，促进人的成长。压力能产生动力，在压力的作用下，你最终也会成为一颗熠熠闪光的钻石的。

人们都说，成年人的世界里没有容易二字。压力也是动力，只要你扛得住，早晚有一天，世界就成了你的。

■ 与其抱怨别人，不如反省自己

生活中，经常看到有些人喜欢抱怨，他们总觉得生活对他们太不温柔，总觉得自己的运气不好，总觉得自己过得不顺利。但是他们不知道，其实每个人都活得很辛苦，只是爱抱怨的人，看到的更多是生活的不顺，忽略了本有的美好。

我们生活在这个错综复杂的社会里，与其抱怨别人，不如反省自己。总结经验教训，为今后办事确定方向。不能反省自己的人永远不会进步。

我们先来看两则关于反省自己的有趣故事。

故事一：

有个太太多年来不断抱怨对面太太很懒惰："那个女人的衣服永远洗不干净，她晾在院子里的衣服总是有斑点，我真的不知道，她怎么连衣服都洗成那样……"

直到有一天，有个明察秋毫的朋友到她家，才发现不是对面的太太衣服洗不干净。细心的朋友拿了一块抹布，把这个太太的窗户上的灰渍抹掉，说：“看，这不就干净了吗？”原来，是自己家里的窗户脏了。

故事二：

有一只乌鸦打算飞往东方，途中遇到一只鸽子，双方停在一棵树上休息。鸽子看见乌鸦飞得很辛苦，关心地问它要飞到哪里去。乌鸦愤愤不平地说：“其实我不想离开，可是这个地方的居民都嫌我的叫声不好听，所以我想飞到别的地方去。”鸽子好心地告诉乌鸦：“别白费力气了！如果你不改变你的声音，飞到哪里都不会受到欢迎的。”

从这两个小故事中，你有没有读出什么？眼睛长在我们自己身上，但是我们看不到自己，我们只能用它来看世界，看别人。这是生理特征，我们没有办法改变。但是我们不应该养成这样的心理特征，只看到别人的优缺点，而不肯正视自己的得失。

有道是“智者千虑，必有一失”，人生不可能尽善尽美，但应该努力地去塑造和追求完美。所谓“反省”，就是反过身来省察自己，检讨自己的言行，看自己犯了哪些错误，看有没有需要改进的地方，而不是整天抱怨别人、抱怨环境。

一个人应时时反省，检讨自己。其实，在每一个人的内心深处多少都隐藏了一些不易察觉的弱点，这种内在的弱点常常使我们处于一种危险的境地。譬如，生活漫无目标、整日无所事事、只会嫉妒别人的能力、自怨自艾为什么好运永远不会落在自己的头上、嗜酒如命、饮食不知节制、消费成癖、纵情声色……如果我们不对这些缺点反省，就会把自己一步一步推向灾难的境地。

美国总统富兰克林每晚都自我反省。他说自己犯过十三项严重的错误，其中三项是：浪费时间、关心琐事及与人争论。睿智的富兰克林知道，不改正这些缺点，是成不了大业的。所以他一周定一个要改进的缺点做目标，并每天记录。下一周他再努力改正另一个坏习惯。他一直与自己的缺点奋战，整整持续了两年。难怪富兰克林会成为受人爱戴、极具影响力的人物。

一个人如果失去反省的能力，他就看不见自己的问题，更不能自救。反省让我们更清醒地认识自己。在安静的心灵状态下，我们可以看清事情，包括我们自己对问题应负的责任、做事情的新方法，以及我们挡住自己前进的原因。

反省能让我们察觉到自己所设下的限制，以及我们思考中的某些盲点。身处嘈杂浮躁的世界里，往往会被许多表面现象所迷惑。你必须时刻保持清醒的头脑，停止毫无用处的抱怨，静下心来不断反省和总结。

经验证明，优秀的人往往是善于反省的人，反省能使人走向成熟，变得深邃，臻于完善。反省是水，浇灌成功之树；反省是火，点燃希望之灯；反省是灯，照亮人生之路。

■ 全力以赴，活出人生最好的可能

人们很喜欢为努力的程度限定一个具体标准，

比如想做一名厉害的写手需要读多少书？临摹多少幅画便能自成一派，当上画家？挣得人生第一个一百万大概需要多少年？数量也好，时间也罢，每个人都迫切地寻找着这样一条明确的分界线，好知道到底需要付出多少，才能得偿所愿。

记得我上大学那阵，为了备考英语四级，几乎人人都会去上补习班，其中报名最火爆的当属那种号称可以“七天攻克四级听力”“一个月让你成功过关”之类有着明确时间标示的培训机构，那些张贴在布告栏上的数字格外醒目耀眼，却也格外让人心安，我们都很乐意相信只要自己加入其中，便能得到一个保证、一个承诺、一个自己只要埋头用功若干天就能将问题完美解决的方案。

尽管，最后的考试结果总会证明七天搞定听力或一个月变身应试小能手，其实就是个蹩脚的笑话，但这并不妨碍更多的人前仆后继，为那条具体的标准所蛊惑。

浮躁的社会，让很多人都不希望到最后一刻才发现自己的努力没有意义。如果不是切身需要，我们往往无法做到仅仅为了做好一件事，就义无反顾地投身其中。

只不过，我们在试图遥望结果的时候，忘记了一点：起点与终点之间的连接，往往并非是一条一望到底的直行线，其中的轨迹变化总是出人意料。最终我们可以获得些什么，除非一直埋头走下去，否则永远无缘知道。

观察身边的人，我渐渐地发现了一个事实：越是不问结果全力以赴的人，越能将事情做得卓越，越容易被机会所青睐。我们总以为要先确定能获得什么样的结果，然后再去一步步努力接近，而事实上，对于结果的过分在意，往往会局限我们的目光，让我们仅仅看到那唯一的可能性，并由此忍不住计算自己的付出程度，难以做到全力以赴。

其实，任何事情都不会只有一个结局，那些柳暗花明处的机会，只属于心无旁骛、凭着一腔热爱就敢往前冲的人，正是这种不计结果的傻气，才让生活充满了更多的可能性。

忘记成败，忘记结局，别去管能在哪个转弯超越什么人，也别去管最后是否能捧得奖杯，你只需要全力以赴，将全部力量集中于脚下，将全部的目光聚焦在前方，一步步无比坚定地跑下去，活出人生最好的可能。

■ 乐观的人，更容易获得成功

生活中，我们不难发现，有许多人整天闷闷不乐的，也有许多人动不动就爱发脾气，也有一些人悲喜难测，和他相处好像要加倍小心。相反的是，有的人每天都很乐观，他们思考问题总是喜欢往好的方面考虑，并为之积极努力。

经验告诉我们，具有乐观精神的人，在为人处世方面更容易获得成功。

安徒生童话中有一个有趣的故事：一对清贫的老夫妇，想把家中唯一值点钱的一匹马拉到市场上去换点更有用的东西。老头牵着马去赶集，他先与人换得一头母牛，又用母牛换了一只羊，再用羊换来一只肥鹅，又把鹅换了母鸡，最后用母鸡换了别人的一大袋烂苹果。在每次交换中，他都想给老伴一个惊喜。当他扛着大袋子来到一家小酒店歇息时，遇上两个英国人。闲聊中他谈了自己赶集的经过，两个英国人听得哈哈大笑，说他回去准得挨老婆子一顿揍。老头子坚称绝对不会，英国人就用一袋金币打赌，三人于是一起回到老头子家中。老太婆见老头子回来了，非常高兴，她兴奋地听着老头子讲赶集的经过。每听老头子讲到用一种东西换了另一种东西时，她都充满了对老头的钦佩。她嘴里不时地说着："哦，我们有牛奶了！""羊奶也同样好喝。""哦，鹅毛多漂亮！""哦，我们有鸡蛋吃了！"最后听到老头子背回一袋已经开始腐烂的苹果时，她同样不愠不恼，大声说："我们今晚就可以吃到苹果馅饼了！"结果，英国人输掉了一袋金币。

不要为失去的一匹马而惋惜或埋怨生活，既然有一袋烂苹果，就做一些苹果馅饼好了，这样生活才能妙趣横生、和美幸福，而且，你才可能因为乐观获得意外的收获。

乐观，是最为积极的性格因素之一。乐观，也是一种生活态度。乐观就是不论在什么情况下，都能保持良好的心态，相信坏事情总会过去，相信阳光总会再来的心境。

一个人从小到大，无疑会经历无数大大小小的事情，顺境与逆境、快乐与悲伤、理想与现实等，一切都会表现在心情上，值得开心的时候，开心是自然的，而不顺心的时候，想要开心起来可能会难了许多。人要想开心的时候多一些，关键还是心态，看你如何面对每天发生的一切。

有个叫塞尔玛的女人，她陪丈夫驻扎在一个沙漠的陆军基地里。她常常一个人留在小铁房子里，天气炎热，没人聊天，而当地的土著居民也不懂英语。她非常难过，于是写信给父亲，说要丢开一切回家去。她父亲的回信只有两行，却完全改变了她的生活：两个人从牢房的铁窗望出去，一个看到泥土，另一个却看到了星星。

塞尔玛一再读这封信，感到非常惭愧，决定要在沙漠中寻找星星。于是她开始和当地人交朋友。当地人的反应使塞尔玛非常惊奇：她对当地人的纺织、陶器表示兴趣，他们就把自己最喜欢但舍不得卖给观光客人的纺织品和陶器送给了她。在那里她研究那些引人入迷的仙人掌和各种沙漠植物、物态，观看沙漠日出，研究海螺壳，发现这些海螺壳是十几万年前这沙漠还是海洋时留下来的……

原来难以忍受的环境变成了令人兴奋、流连忘返的奇景。

一念之差，塞尔玛把原来认为恶劣的情况变成了一生中最有意义的冒险，并为此写了一本书，以《快乐的城堡》为书名出版了。她从自己的房间里看出去，终于看到了星星。

乐观的人在危机中看到的是希望，悲观的人在危机中看到的是绝望。乐观的心态能把坏的事情变好，悲观的心态会把好的事情变坏。

保持乐观的心态，需要我们遇事多从事物好的方面考虑，始终怀有这样一种信念：“我行，我一定行。”当我们历尽艰难，获得胜利时，回头看看，原来它并不可怕，并不是不可征服的。

拿破仑·希尔认为：成功人士的首要标志，在于他的心态。

一个人如果心态积极，乐观地面对人生，乐观地接受挑战和应付麻烦事，那他就更容易获得成功。

如果做什么事情都缺乏义无反顾的决心，又怎么能主动切断退路，逼自己成功？

■ 轻装前行的人，才能走得更远

现在的社会越来越发达，人们被无穷无尽的欲望包袱所左右，变得更加浮躁和势利，不是抱怨这个不如意，就是抱怨那个不顺心，置身于其中的今人，少了恬淡和快乐。归根究底，是因为我们背负了太多的包袱，让人生不堪重负。

尼娜·威廉姆斯是美国倡导简单生活的专家。有一天，她坐在自己的写字桌旁，呆呆地望着写满密密麻麻事宜的日程安排表。突然，她认识到自己对这张令人发疯的日程表再也无法忍受下去了。

自己的生活已经变得太复杂了，用这么多乱七八糟的东西来塞满自己清醒的每一分钟简直就是一种疯狂愚蠢的行为，以至于自己常常无法控制自己，经常抱怨自己的辛苦，原来，只是因为自己将自己的包袱装得太满了。就在这一刻，她作出了决定：她要开始简单地生活。

她开始着手列出一个清单，把需要从她的生活中删除的事情都列出来。

然后，她采取了一系列“大胆的”行动。首先，她取消了所有的预约电话。其次，她停止了预定的杂志，并把堆积在桌子上的所有没有读过的杂志都清除掉。再次，她注销了一些信用卡，以减少每个月收到的账单函件。最后，通过改变日常生活和工作习惯，使得她的房间和草坪变得更加整洁。她的整个简化清单包括 80 多项内容。

尼娜·威廉姆斯从此再也不会去抱怨烦琐的工作了，她发现，很多看似很重要的东西，其实并没有想象中那么重要。

但是在现实生活中，还是有不少的人执着于各种各样的欲望包袱，而且深陷其中不能自拔。事实上，人有欲望也无可厚非，有些人的欲望是客观的、有节制的，这样的欲望只会成为一种目标、一种动力，它可以使人具有方向性。有些人的欲望则是主观的、无限制的，甚至连他自己也说不清楚需要多少才能得到满足，这样的欲望只会给他增加压力，成为无法挥去的负担和包袱，羁绊其前进的脚步，有时甚至会将他引向歧路。

私欲的无限膨胀，生活包袱越来越沉重，往往是惹祸的根源。只有狠下心来，抛弃一些包袱，让自己轻装上阵，才能够体会到生命的美好。

懂得放下，轻装前行，是一种生活的智慧，也是一门心灵的学问。人生在世，有些事情是不必在乎的，有些东西是必须清空的。该放下时就放下，轻装前行，你才能够腾出手来，抓住真正属于你的快乐和幸福。

■ 别轻易放弃命运给你的任何一个机会

机遇真是一种很奇妙的东西。只有果断地抓住机遇，才有可能改变我们的人生，使自己有一个更光明的未来。

19 世纪中期，一股淘金热潮在美国西部悄然兴起。成千上万的人涌向那里寻找金矿，幻想能一夜暴富。一个十来岁的穷孩子瓦浮基，也准备去碰碰运气。因为穷，买不起船票，就跟着大篷车，忍饥挨饿地奔向西部。不久，他到了一个叫奥斯汀的地方。这儿金矿确实多，但是气候干燥，水源奇缺。找金子的人最痛苦的是拼死苦干了一天，连能滋润嘴唇的一滴水也没有。抱怨缺水的声音到处弥漫，许多人愿意用一块金币换一壶凉水！

这些找矿人的满腹牢骚，使瓦浮基得到了一个十分有用的信息。他寻思着如果卖水给这些找金矿的人喝，或许比找金子更容易赚钱。他看看自己，身单力薄，干活儿比不过人家，来了这么些天，疲惫不堪，仍然一无所获，但自己挖渠找水，他还是能办得到的。

说干就干，瓦浮基买来铁锹，挖井打水。他将凉水过滤，变成了清凉可口的饮用水，再卖给那些找金矿的人。在短短的时间里，他就赚了一笔数目可观的钱。后来，他继续努力，成了美国小有名气的企业家。

谁也没有料到，那些不分日夜辛苦找金矿想发财的人自己没能如愿，却共同造就了一个百万富翁。

每个人在一生中都有成功的机会，但大多数人不会成功。他们不是没有能力，不是没有理想，也不是不愿为之付出代价，而恰恰是缺乏成功的至关重要因素——抓住机遇的能力。善于抓住机遇的人，凭借这个转折点开创了自己的辉煌人生，成为春风得意的佼佼者；而更多的人却没有能够抓住机会，只能碌碌无为地度过一生。能否抓住改变人生的机会，是决定成败的关键。

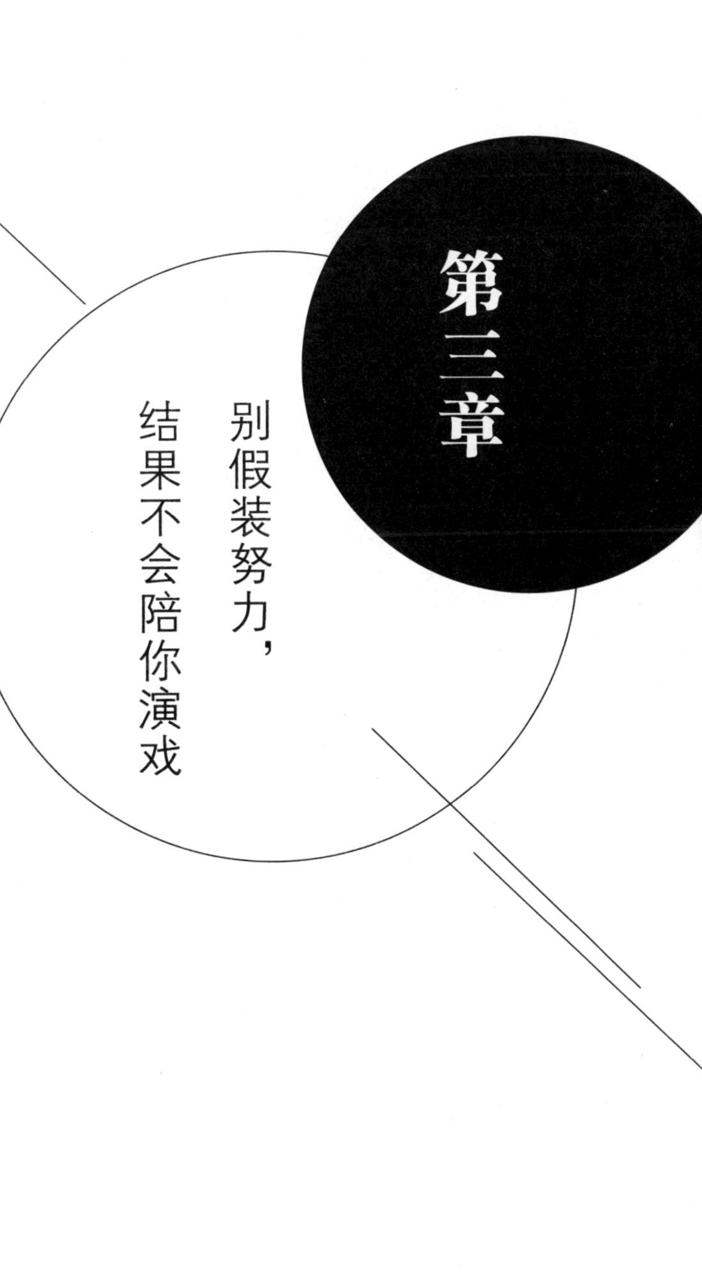

第三章

别假装努力，结果不会陪你演戏

■ 拼出来的人生，更加精彩

1

陆陆是典型的江南水乡女孩，娇小玲珑，小家碧玉型，出身书香门第之家，但是骨子里却有北方女汉子的性情。

陆陆的父母是大学老师，家境宽裕，对于陆陆的教育，他们比一般家庭要开明，那就是：放养。

陆陆的爸爸说："放养比圈养更容易锻炼人。"

陆陆的学习很棒，从小学到读研，她的成绩好到没朋友。起初我以为她是天生的幸运女王，后来才发现自己的判断有误，并不是她运气好，而是她比那些优秀的人更努力，更拼命。

每每看到我投去羡慕加嫉妒的眼神时，她总回我："世上没有免费的午餐，没有不劳而获，要想得到果实，就要去努力奋斗。"

2

在政府鼓励大学生创业的大环境下，研究生毕业后，陆陆与三位志同道合的男同学一起合资，开办了一家网络游戏公司。能力特别强的她，被另外三位合伙人推荐为公司总经理，全权管理公司。

在大众的固定思维中，一说游戏，很多人联想的画面是：IT 男坐在电脑前，一手夹烟，一边埋头苦编游戏程序，空气中飘起轻柔的烟雾，房间里弥漫着烟草味。

而陆陆却用实际行动告诉我们，女子也可以办游戏公司。陆陆经常说，趁着还年轻，趁着还想做点什么，趁着青春还在，就去尝试，哪怕失败了，大不了一切从头开始。

陆陆的游戏公司渐渐地步入盈利模式，她挣得人生的第一桶金，尝到了努力付出后收获果实的幸福感。

可是，就在她与合伙人加大投资时，一场金

融危机席卷而来。因合伙人的市场调研数据失误，公司连本带利全赔了，就连她的第一桶金也搭进去了。

身无分文的陆陆把自己关在屋子里，关闭了一切通信设备。我担心她会出事，由于有陆陆家的钥匙，急忙跑到她住的地方，一开门就看见陆陆靠在沙发边，抱紧双膝，眼睛红肿不堪，当时的形象完全可以用失落与惨烈来形容。

她一直不说话，眼神无聚焦，眼泪无声地流着，我替她擦干，她又哭。突然她抱着我“哇”的一声，哭得稀里哗啦，不停地问我，为什么会这样？她现在什么都没有了，什么都没了！

后来，我劝她放弃，不要再开游戏公司了，一切从头开始，找份合适的工作。可她仍不死心，她说，她要东山再起！

而其他三位合伙人自公司倒闭后，便失去了联系。娇小的陆陆，一个人顶着所有的压力与困难，又一次把游戏公司办起。

那天，我前去道贺，特意送了一盆很大的发财树，祝愿她有一个美好的开始。

由于之前公司倒闭，在同行中评价不佳，她如履薄冰地走着每一步。新公司成立后，对面的大厦里面，也开了一家游戏公司，而且这家公司的实力与规模都在她的公司之上，但她坚定地觉得任何东西都是可以争取的。

一日，一家上市游戏公司招标“游戏方案”。在招标会上，她与对面公司的竞争对手唇枪舌剑，别看她娇小玲珑，但是跟人谈判起来相当有口才，最终这家上市公司分别把业务发包给了两家公司，其中一家就是陆陆的。

为了能在众多的游戏公司中脱颖而出，我与她通宵加班一天一夜，搜集数据，写方案，推翻，再写，反复修改不下十遍后，才最后定稿。

整夜未眠的陆陆抱起方案，提前两个小时到达对方指定的地方等候，这一等就是六个小时。

当时是个大冬天，她并没有坐在别人公司的接待室里等候，而是一直站在寒风中等候对方老总，脸蛋冻得通红，手脚冰凉，连说话的声音都带着颤音，不过这一切，她并不在乎。

在那里，她又一次遇到了那天在招标会上的竞争对手，男的主动跟她打招呼，她回以微笑。

男的打开了话匣子，聊了一会儿，陆陆才知道她的竞争对手叫严青。

他们一起会见了上市公司老总，最终由于陆陆的努力谈判与出色的游戏方案，对方特别青睐陆陆的公司，很快签订了合作协议。但这并不足以让公司迅速好转，为了得到更多的合作机会，陆陆经常一个人又当谈判手，又当业务员，还当公司领导，一人身兼数职。

因为陆陆的努力上进，加上声誉好评重回，公司的业务不断增加，困境有了很大的改善，至少能达到收支平衡了。

自从与竞争对手严青有过那一次交道后，陆陆发现，每次下班都能看到严青也同时出现。起初他们只是互道一声“你好”“早”“下班了，再见”等，后来严青打探到了陆陆住的小区，总以顺路为由，送陆陆回家。

这样一来二往地，严青与陆陆也成了朋友。

一日，我正加班，陆陆打电话要请我吃火锅。说实话，大冬天的，我就爱火锅，吃得全身暖和。边吃边聊，突然她拿了一个礼袋给我，真诚地道了声“感谢”。

我诧异，我觉得我们之间不需要这么虚礼，既是发小，又是闺密，哪需要送礼物。不过后来我还是厚着脸皮收下了。

一聊，我们就聊起了签约那家上市公司的事情。我笑她太过固执，当时完全可以坐在接待室等待，吹着空调比站在外面舒服多了，也不至于签了单，自己却发了一周的高烧。

她却摇摇头，笑着说，从来没有等出来的幸福，只有拼搏出来的人生。

瞬间被震惊，我不由得朝她竖起了大拇指。

慢慢地，陆陆越来越忙。虽然忙，她却总笑着说喝咖啡的时间还是有的。我调侃她的公司身价今非昔比，她已是真正的白富美，应该适当停下脚步，好好地享受美好与幸福的生活。

她未反驳，却认真地看着我说，幸福是建立在有足够的安全感之上的。

真正认识严青，是在陆陆的公司，后来我才知道原来陆陆把人家从对面的公司挖了过来，任命他为市场拓展部的副总。

我看向陆陆，她正害羞地低下头，以要看文件为由，埋头苦干。

3

在陆陆与严青的努力下，他们的游戏公司越做越大，生意红火得不知如何形容，办公区域也增加了两层，看着她事业爱情双丰收，真替她高兴。

她在企业家的道路上努力奔跑着，而我却还是那个平淡无奇的自己。我不停地反思自己，找出了原因，其实自己少了她创业的激情与努力前进的勇气。她什么都不怕，哪怕失败了，也是从哪里跌倒再从哪里爬起来。如果换成是我，我只会退缩。

因为公司签了大单，开庆功宴，陆陆把我也叫上了。那晚我结识了很多充满阳光与活力、有拼劲、有理想的同龄人。他们的思想天马行空，他们喜欢开玩笑，但有分寸。他们有颗善心，却从不帮助自弃的人。

仍然记得那年冬日，我、陆陆、严青三人在外吃完午餐，阳光正好，正准备开车离去，路边有一个年轻的乞丐，我本能地走上前，挑出零钱，差一点就给到对方了。突然被跟上来的陆陆制止，我吓了一大跳，眼神充满了不解与怒意。

回到车上，我生气地怪陆陆太冷血，大冷天的，他们也不容易，干吗要阻止？陆陆很安静地叫我回去好好想想她为什么要阻止。

三天后，我实在没想明白，带着怒气，冲到陆陆的办公室与她争辩了好久。陆陆待我平静后，笑着说："不是我冷血，帮助他人，要分情况。那个身体健壮的年轻人，他完全可以找份工作，好好努力拼搏，而不是自弃。如若那天你给了他钱，你并不是在帮他，而是在害他。一个可以贱卖自尊来换取金钱的人，不值得得到他人的同情与帮助。”

或许陆陆说得对，年轻人，应该去努力，去拼搏，而不是坐享其成或等待他人送来帮助与同情。我对陆陆再一次刮目相看，既佩服也庆幸，人生的道路能有一位这样的好朋友相伴，是一辈子宝贵的财富，也是幸运的事情。

平静过后，回头看看自己的身边，就有那么一群不拼爹不拼妈，只拼自己，只拼努力，只会拼搏的年轻人。他们不张扬，懂分寸，做事有计划，有头脑，他们知道自己想要的是什么，明白自己所追求的是什么。他们更加明白，在这个充满竞争的社会中，只有比自己以往的努力还努力，还拼命，才有机会成为人堆里的尖儿。

一切都还来得及，一切都刚刚好，不早也不

晚。从现在开始努力，从现在出发，幸福不是等出来的，人生不是等出来的，没有等来的幸福，只有拼搏出来的人生。总有一天，你会发现拼搏出来的人生更美丽。

■ 努力奔跑，才能遇到更好的自己

1

大半夜的，被好友苏苏的电话吵醒，当时心里特别不舒服，真想把这姑娘给痛骂一顿，可没办法，谁让她是我最好的朋友呢。

电话接通，那端环境喧嚣不已，她扯着嗓子跟我说话，我仍听不太清，只是隐约听到她说了好多莫名其妙的话。生怕她做傻事，得知她的位置后，我立即赶去。

见到苏苏时，是在 KTV 的一间包厢里。她披头散发，满身的酒味，满脸泪水，循环地唱着那首

《他不爱我》。

她靠在我的身上，撕心裂肺地哭着。我安慰着她，许久我才问她，发什么疯，到底出了什么事？

平静后的苏苏告诉我，他们分手了。

苏苏笑着说："我终于可以解脱了，傻傻地等了八年，终于在第八年的纪念日里，他给了我一个答案。或许，分手，是最美满的结局。"

那一晚，我未说话，她只是安静地靠在我的身上，我们听了一晚的《他不爱我》。

分手后的苏苏，外表看起来很坚强，其实内心很脆弱。除了上班，其他时间她都把自己关在房间里面，时间一久，她的父母怕她出问题，希望我能帮苏苏解开心结，但解铃还须系铃人，我只能尽力而为。

看着她一天天地堕落下去，心里着急又难受，终于有一天我忍无可忍了，抓着她来到了曾经一起许愿的地方，把她狠狠地痛斥了一顿，上到国情，下到个人未来发展，我一字一句说着，可这姑娘突然傻呵呵地笑了起来。

当时她把我吓了一大跳，我看着她的表情变化，由最初的傻呵呵的笑变成了又一次的痛哭。正准备再进行教育时，她满脸痛苦，激动地朝我嘶吼，最爱我的人都离开了我，我还有什么资格谈梦想，我连自己的未来在哪里都不知道，你让我往哪里走？

我看不得好朋友总是这样颓废的状态，直接朝她吼道：“不知道往哪里走，没关系呀，勇敢地往前跑。”

2

自那天以后，她开启了疯狂的工作模式，在工作中她比任何人都拼命。后来听她说，公司的所有同事给她冠上了“拼命姐”的荣誉称号。

或许命运总喜欢跟我们开些玩笑，让我们刻骨铭心后，成就了另一个自己。

苏苏又打电话给我的时候，我正好在外出差，她兴奋地说等我回来请我喝咖啡，告诉我一个好消息。我当时逼问了许久，她死守阵地，不肯透露一丝消息。

我回来的时候，她亲自到西站迎接，没有直接回家，而是带我来到了一家西餐厅，一边吃着牛排，一边聊着各自的近况。

聊着聊着，突然苏苏话锋一转，一本正经地看着我，盯着我一会儿，她轻松地傻笑道："我当部门经理啦。"

我惊讶地看着眼前这姑娘，重复问了两遍，确定我的耳朵没有听错后，连忙道贺。我笑她情场失意，职场得意，上帝为她关闭了一扇窗的时候，却又为她打开了一扇驶向光明的人生大门。

自从分手后，苏苏真的跟变了一个人似的，自信、优雅、美丽、大方，此时这些标签我在她的身上读到了，曾经那个自信的姑娘又回来了。

苏苏说，一场爱情的结束，让她明白了人生不是只有爱情，还有很多远比爱情更重要的东西。

苏苏自那次与前男友分开后，就再也没有谈恋爱。家里的父母又开始着急了，都三十多岁的姑娘，还不找个好人家，放在中国的婚龄中，苏苏被冠上了“剩女”的头衔。

可人家就是不着急，用苏苏的话来说，宁可高贵地“单”着，也不将就地“双”着。

就在苏苏真正开启自己的自信人生时，一封匿名举报信让苏苏陷入了前所未有的危机中。

公司暂停了苏苏的部门经理职务，让她回家等候查处消息，这一等就是一个月。这一个月是她最难熬的时间，后来她回忆，笑称这一个月比一年还长。

匿名举报信说苏苏为了让CJ项目中标，收受了他人给的“辛苦费”。但最终漫长的一个月等来的结果，证明了苏苏的清白。

苏苏怎么也想不到，诬告她的人会是自己的前男友。

经过多方打听，才知道，原来苏苏与前男友分手后，前男友跟另一个姑娘跑了，可到最后自己却被那姑娘给甩了，万般无奈下的前男友想追回苏苏，却发现为时已晚，看到苏苏事业蒸蒸日上的状态，前男友心里不平衡，写下了污蔑举报信。

苏苏看着前男友跪在她眼前忏悔的样子，最终还是心软了。

苏苏笑着说出这么狗血的剧情，五百年都难得遇上一次，结果她幸运地遇上了。

经过这一闹腾，苏苏更加明确了目标，她要做一个可以保护好自己的姑娘，不依附于任何人，靠自己的努力在未来的人生道路上越来越好。

3

苏苏的成长，她自己都惊讶，最后她笑着说，只有看见了浩瀚，才会懂得渺小。

三十二岁生日当天，她收到了人生最美好的礼物，一份调令文件，她成功地由部门经理转为了部长，分管公司十几个部门。

升职后的苏苏并没有骄傲自大，仍不忘初心继续努力着，工作中还是那个最认真、最拼命的“拼命姐”。

对于苏苏的努力与拼命，部门下面的同事有的会笑苏苏傻，有的会笑苏苏笨，苏苏听到后，每次都是一笑而过。

有一天，她突然让人将一条红色长条幅挂在了开放的办公区域，内容是这样写的：付出不一定马上有回报，但总会有回报。事业不是钟点工，傻子一样地坚持，总会得到牛掰的结果！

最终，在苏苏带领下，她的队伍拿到了全年销售业绩第一的好成绩。

直到如今事业爱情双丰收的苏苏，还经常对我说，谢谢我当初那句不知道往哪里走，就勇敢地往前跑。

她说，这句话改变了她的人生，如果没有这一句话点醒梦中人，或许她还沉醉在失恋的痛苦中无法自拔。

苏苏的坚强与努力，让我想到了河里的小鱼。鱼儿出生的时候，它并不知道河水有多深，河流有多长，它唯一能做的就是不断地成长，不断地将自己变强，不断地鼓起勇气向前游。

日复一日，年复一年，鱼儿慢慢长大，虽然还不知道前方河水的宽度与长度，但它只会做一件事情，那就是勇敢地向前游，不停地向前游。

鱼儿的人生，就如同人类的人生。有时，我们会对自己的人生充满疑惑；有时，我们会对自己的未来彷徨无措；有时，我们并不知道自己要往哪里走。人生有太多的有时，但不管结果如何，我们有时可以做一个选择，那就是拼尽全力，勇敢地往前奔跑。

■ 为了梦想，拼尽全力又何妨

从小到大，我们都知道丑小鸭成为白天鹅的故事。丑小鸭都可以变成白天鹅，更何况是智慧超群、四肢发达的人类。在回忆这个故事的时候，我正坐在好友的甜品店内，聊着一位跟丑小鸭有着同样梦想的女孩，这个女孩叫梦梦。

1

梦梦是我在大学时的同学，有一年学校举办演讲比赛，记得梦梦的演讲题目叫《我有一个白天鹅的梦》。

开篇、高潮与结尾都非常精彩，我到现在都仍记得她的梦想，她说，我有一个梦想，一个可以像白天鹅的梦想：有一天，可以穿越云层，欣赏蓝天白云，与天空共存，靠近太阳，感受它的热情与炙热，牵手月亮，感受它的美丽与纯洁，我的梦想是成为一名优秀的空姐。

毋庸置疑，她的演讲并未取得好成绩，台下所有的观众都对她的梦想嗤之以鼻，都觉得她那是在白日做梦。

2

梦梦来自江南水乡，父母都是最普通的农民，她身高适中，长相、气质一般，却有一双水灵灵的大眼睛，炯炯有神，会微笑。

在所有人的眼中，她就像一颗普通的星星，却拥有着高大上的梦想，没有一个人看好她。

一次，我正在食堂吃午餐，梦梦坐在我的对面，欲言又止的她，最后小心翼翼地轻声问我：“你说，我的梦想是不是真的很可笑？”

我抬头看了她一眼，随口说道：“你不觉得，被嘲笑过的梦想更美丽吗？不用在意别人的看法，没有谁有资格嘲笑你的梦想，加油！”

从那以后，梦梦比任何一个同学都努力，她在宿舍的书桌上贴了六个字：越努力，越幸运。

有次，因为饮食不规律，导致胃痛，陪她去医院的时候，医生再三叮嘱一定要按时用餐，还那么年轻，胃就出了毛病。被医生这么一教育，她有点不好意思地点头称好。

梦梦除每天学习正常的课程外，还另外修学了英语与日语，那时学校没有西班牙语，这姑娘就利用其他的空余时间跑到外面做兼职，利用兼职赚来的钱，去外面的培训学校学习西班牙语。

她所学的东西，我在大学望尘莫及，她已经成了我的学习偶像，她就像一朵又烈又娇艳的郁金香。我的直觉告诉我，这丫头，迟早有一天会闪烁出最耀眼的光芒。

大三那年，她不知道从哪里听到消息，别人说她不时尚，没气质，不会穿衣打扮。她更加拼命地兼职挣钱，然后报了个人形象提升班学习了三个月。

我一天天看着她的变化，只是没想到，只要她想要去做的，她基本上都在很努力、很拼命地去争取，皇天不负有心人，此时的她可以说一口流利的英语、日语与西班牙语，年年成绩都是全校最高分，她成了最高奖学金得主。就这样，她成了同学们眼中的女学霸。

在大四那年的毕业典礼上，她一身时尚造型，惊呆了全场所有同学，如果不说名字，没有人会知道这个同学，会是那个曾经说要当空姐的梦梦。

在大学毕业典礼上，作为优秀学生代表上台讲话，她说，一个人只有努力去奋斗，去拼搏，才能得到自己想要的人生，没有不劳而获的果实，越努力，越幸运。

3

大学毕业后，梦梦去了一家航空公司，做起了票务员，因为应聘空姐没被选上。我在跟她聊QQ的时候，说要不就放弃吧，找一家外企做HR，也不错。可她不死心，她说，趁着还年轻，趁着还有梦，趁着还想去努力拼一次，她会继续前行，全力以赴。

我只好默默祝她好运。

在做好票务员工作的同时，她会时不时地跑到空姐的休息区域，向她们请教，素质好点的只是笑笑，并不回答。骨子里高傲的，直接冷言道：“就你这样的，还是卖好你的机票吧，别做白日梦了。”

梦梦也不反驳，只是微笑着离开了。那一天，她给我打电话，哭得特别伤心，她很认真地问我，她是不是真的不适合做空姐。

我安慰道，没有谁天生就是做空姐的料，任何事情都是在尝试后才知道结果，你连尝试都不敢，真打算放弃了？万一你放弃了，机会又来了呢，那岂不是让自己的人生留下“遗憾”与“后悔”吗？

她突然很自信地说：“对，我不能放弃，为了这个梦想，我努力、坚持了那么多年，就只是差一点机遇。”

或许真是越努力，越幸运，上天不会亏待任何一个努力奋斗、积极进取的孩子，终于，梦梦迎来了改变她人生的机会。

航空公司因为业务发展，开通了直飞西班牙的航线。通过笔试、面试、考核训练，梦梦成功地突破重重困难，迎来了属于她的精彩，她成了一名合格的空姐。

接到梦梦的电话时，我莫名地流下了感动的泪水。大学四年，我看着她的每一步成长，每一个努力奋斗的脚印，曾经在别人眼中的一只丑小鸭，如今，真的变成了白天鹅，作为朋友，我替她高兴。

后来梦梦告诉我，当年面试她的考官，还是当初的那位女考官，因为出色的面试表现，那位女考官直接特批梦梦正式进入空姐队伍。梦梦说，后来的女考官告诉她，在梦梦的身上，有她曾经的影子。一个如此努力、不轻言放弃的姑娘，一定能成为一名非常优秀的空姐。

是呀，一个如此拼命、努力、上进的姑娘，又怎么会得不到上天的青睐呢？梦梦她没有在意别人嘲笑的目光，选择继续努力，她知道丑小鸭终有一天会成为一只白天鹅，因为她懂得越努力越幸运的道理。

或许此时的你正在通往梦想的路上，或许你正在梦想的路上止步不前，或许你害怕梦想不能实现，或许你曾经最美的梦想遭遇过他人的嘲笑……那有怎样？相信自己是最棒的，终有一天，你的努力，一定会得到你想要的结果。

■ 何必羡慕别人，自己亦是风景

1

前段时间，接到好友电话，她在电话里兴奋地说:“亲，你知道吗？我们公司来了一个超漂亮的富二代。”

我说:“呃，富二代？这跟你有关系吗？”

她答:“没有！”

我说:“既然没有关系，你兴奋什么？”

她答:“就想着人家是富二代，一出生就含着金钥匙，多好。不仅可以少奋斗，就连这豪门生活也肯定是丰富多彩的。”

乍一听似乎在理，可静下心仔细一想，或许你会发现，其实真正的富二代，他们并不是我们想象的那般，也有很多比他们父母更拼命的富二代，他们的生活远比富一代的父母过得更加有滋有味。

在网络发达的今天，我们经常会被这些“网红词”误导，很多的花边新闻喜欢动不动就给人隆重地贴上“富二代”“星二代”之类的标签，误导着越来越多的人，向往甚至羡慕着他们的人生，从而忘记了自己做不了“二代”，却可以通过自己的双手成为“一代”。

2

路静，来自江南，出生于商贾世家，家境殷实，典型的“富二代”。一次，在朋友饭局上，坐在右边的虎了子开玩笑地叫她“富二代”时，路静优雅地笑着说：“以后你们别叫我‘富二代’，叫我‘拼一代’！”

当时未多想这句话，现在细细想想很符合路静的风格——一个很努力、很拼命的姑娘，不喜欢别人叫她“富二代”，父母给买的豪车她不开，喜欢开 QQ 汽车。她说喜欢跟着自己的心走，外表看似光鲜的东西，不一定适合自己的内心。

路静在国外学了五年的财经管理，外加一门环境管理专业，毕业后毅然回归祖国怀抱，却干了件让父母头疼的事，她建了一个公益组织机构，叫环境保护协会，把自己的生活过得有滋有味。

用她的话说，在中国，环境污染的现象太过严重，如果人类继续向大自然贪心地索取，明日大自然自会向人类全部讨回。这不是危言耸听，而是我们的大自然正在饱受着严重的摧残，生态链在不断地被破坏，只是国人显然未意识到问题的严重性。

她的协会一成立，就引起了很多青年志愿者的关注，大家纷纷加入其中。他们会定期在各大中心广场、大型社区、学校、公司开展保护环境的宣讲，注意事项，如何从身边做到爱环境，爱大自然，合理利用大自然资源等。

回想起初，路静笑着说："刚开始起步难，家人反对，为此父母断掉了她的资金链。"

路静的父母想她回去继承家族企业，继续走着父辈们未走完的路线，而路静觉得当前最重要的事情还未做完，她没有心思做好家族企业，她向父母借了三年时间。

她说三年的时间足可以让她把这个环境保护协会建好，进入正常的运转模式。

我说："没有资金支持，你怎么开办呀？"

停顿了一会儿，路静告诉我，她启用了在国

外勤工俭学挣来的钱，然后再跑到当地的环保部门，找领导，说出自己环保志愿者小组的宗旨、性质、功能和意义，这个环保志愿者小组是公益性的组织，不存在任何的盈利行为，加入里面的全部是社会青年志愿者，最终得到了环保部门的大力支持。

她说如今最大的收获，是得到一群志同道合的朋友，他们有共同的奋斗目标，那就是尽自己最大的努力，保护大自然。

我说："你胆子也真大，这样做有意义吗？"

她目光坚定，微笑着说："当我想去做一件有意义的事情时，从来不会去想会给我带来什么结果，而是会想，我要怎样努力把这意义做到最大化，这样做，能否唤醒国人的环保意识。"

路静向父母借用的三年时间很快过去了，如今的路静有着两重身份，一是协会会长，二是公司董事长，每天都处在高压的工作状态下。我问她累不累，她说："活着不就是用来累的吗？能体会到累，说明生命还在运转，我不喜欢平淡无味的生活，我喜欢有滋有味的生活。”

路静的心态乐观，使她总能以最开朗的态度，去看待最差的事物。

3

每次失意时，我最喜欢干的事情就是看路静的朋友圈，她的朋友圈总给人一股正能量，有着年轻人的朝气与精神。

有一次，路静的朋友圈突然连续一个月没有动静，直到有一天，我抱着试试的心态，再次打开她的朋友圈时，看到她的说说：人生处处是战场，与更优秀的人打交道，就得把自己提升到优秀。

此条说说，距离上条说说正好一个月，路静终于出现了，微信语音，问她干什么去了。她答：开疆辟土去了。

我两眼直冒金星，听不懂她话中意思，最后才知道原来她一个人带领着团队前往了首都，经过一个月的奋战，在上百家的竞争对手中，终于为公司拿下国际一线品牌的大单，这也是她接管公司以来，取得的第一个成功。

我恭喜她的同时说她真幸运，她反驳我道：“幸运只是侥幸的代名词，能拿下这个单，全凭努力与团结齐心换来的，天上不会掉馅饼。”

听了她的大概述说，我才知道原来与她抢生意的商家有上百家，为了得到此品牌高层的注意，她除将方案与资料做扎实外，每天她早早到达酒店的自助餐厅，接近他们的高层，引起他们的注意，从一步步的闲聊，到熟悉，最后直奔目的，再使出撒手锏，逐个击破。

她说那一个月的时间，她才真正明白了父辈们打江山是多么的不易。她说其实做‘富一代’也有‘富一代’的苦，相比于‘富二代’，‘富一代’更值得去敬佩。

路静说曾经她觉得父母安排的道路都是顺风顺水，没有挑战性，她说她不喜欢那种感觉，可事实证明，人从出生到结束，走的任何一步都跟父辈一样，最终的结果也就是离开。

路静不喜欢这样的生活，她说自己还那么年轻，她需要把生活过得丰富多彩，五彩缤纷。她想真正专心地做一件事情，最后做的一个决定，便是辞去家族企业，全身心地投入到了自己的保护协会中去。

起初父母强烈反对，最终父母被她的理想与行动所征服，如今路静的协会在一群有爱心、有责任、有志向的青年志愿者的呵护下，正在健康地成长着。

地球那么大，不同的人想法不同，或许在自己的眼中正向往并羡慕着别人的生活，努力地朝着他们的方向前行，殊不知，当你在羡慕别人的同时，别人也正在羡慕着你。

平淡无味与有滋有味的生活全在一念之间转换，不管是哪一种生活，希望都是如你所愿，如你所想。

■ 你一定要活出一个独特的自己

1

去年安徽卫视《学霸是怎么炼成的》的一段视频让我印象很深。

视频里，某企业前人事经理说：“离开招聘会后，只带走 985 大学生的简历。非 985 大学生的简历就丢到桌子上，被清理了。”

以这位人事经理的工作经验来看，非 985 的大学生是被大企业排除在外的，其他大企业肯定也是这样操作的。

当所有人，包括我，都在惊呼社会太残忍、用人单位太歧视的时候，只有袁姐不紧不慢地说了句：“这就是现实。”

袁姐是公司的老员工，在我还没来公司之前，她就已经在公司扎根了七八年。如今三十多岁的她，背负着工作、照顾父母以及兼顾两个孩子的重担，却依然不忘充电——周末去培训班学习平面设计和会计，并把所有空闲时间都用来听网课，一刻都不得闲。

一句“这就是现实”并不代表袁姐是木然冷冰的现实派，相反，袁姐是历经挫败之后，学会了未雨绸缪的乐观派。

一次和袁姐聊天，聊到了学习和就业的话题。我说：“以你的资历哪里还需要学习？就算哪一天公司不行了，你也是最先被其他公司抢走的那一个。”

我故意在说“抢”字时加重了语气，紧紧地盯着袁姐的神情。

袁姐没有急着回答，而是向我说了HR圈里的潜规则。

“中层以下，三十五岁肯定不要，三十岁以上最好也别要，除非带资源，带流量，带可估量的收益。”

“管理者要年轻化，条件差不多，选年轻的。”

“三十岁以上，就算愿意拿较少的薪水也不能要，做不久，问清楚家庭背景情况，不稳定因素太大。”

其实，这就是现实啊。

或许，这些对年龄或多或少地存有偏见或歧视的言论，你会听着不舒服，但人事经理只会用“没有任何限制，只要回去等通知”这样的话来搪塞你，随机就把你的简历扔进纸篓里。

是袁姐的一番话，让我警醒，如果到了而立之年，还没有一样可以拿出来对抗现实的本领，真的很容易被这个社会所淘汰。

是的，职场不相信眼泪，只相信努力和汗水。

看着比自己大的人已经事业有成，自己却依旧迷茫不知道自己将要去哪里；看着同龄人拿着高薪，自己却时常担心被别人顶替；再看看刚刚毕业的大学生一波一波地涌入，一不留神就会赶超你。到了而立之年，真的没有多少时间去试错，也没有多少时间去虚度光阴。

2

按理说，到了而立之年，离大学毕业也有七年左右的光景，这时也该积累了一定的工作经验，有了相对稳定的收入，不愁将来要在哪里求存。

可事实上，求职的大部队里，仍然有很多人到了而立之年却难找工作，甚至以待业的幌子在家吃喝，一待就是大半年。

无形之中，一技之长的重要性凸显而出。

它不会随着年龄的增长而贬值，相反，它会随着时间推移成倍增值，甚至可以挽救自己。

高二那年，我最好的朋友陈凯退了学。

离开学校后，家里人都苦口婆心地劝他学个手艺。

之所以这么劝他，一是因为他没有学历，去大城市求职肯定会吃亏，二是因为他年纪还小，与其在求职的路上四处碰壁，不如跟着师傅学习本领。

可让所有人费解的是，执拗的陈凯还是不顾一切地进了工厂，枯燥至极的流水线，一个月加班加满勤，也有好几千块钱。

时间如流水，这一晃就是好几年。

几年间，每次我问起陈凯的工作和近况时，陈凯都说出那一句永远雷同的话：“厂里啊，还不是老样子。”

我们不得不承认，一个人，一旦沉溺在某个环境里，久而久之，就会深陷其中，自己却浑然不知。

在我看来，一个看似赚钱的工作，若没有自我提升的价值，就是一个烂工作。

的确，陈凯进了工厂，会有一笔不少的收入，可放眼未来呢，这样流水线的工作带给工人的，只有眼前的小利却没有让安身立命的本领。换句话说，一旦你离开了工厂，你将一无是处。

著名台湾作家罗兰就曾在书中写道，自己刚上中学，她的父亲就开始告诉她需有“一技之长”。她的父亲说，与其做个“样样皆通，样样稀松”的好学生，不如做个有一样专精，其他稀松的专才。因为有了一技之长，你可以用它赚钱吃饭，你也可以在它上面获得成就。

其实，如陈凯的人不在少数，甚至是人群中的大多数。

3

孙晴悦在新书《二十几岁，没有十年》里说：对于我们中的大多数来说，二十几岁就好像只有三年。第一年在大学里无所事事，睡着懒觉逃着课；第二年在猛然惊醒中海投简历，租房子赶地铁；第三年做着不喜欢的工作，待在不喜欢的城市，在七大姑八大姨的催促下发现都该成家了呢，然后浑浑噩噩，竟然就要三十岁了。

一语惊醒梦中人。

有时我会很害怕，害怕自己到了而立之年，除要紧紧维系在一份工作来获取劳动报酬以外，再也没有什么可骄傲的事情了。

这样的人生不能用惨淡来形容，更确切地说，是惨白的人生。

所以啊，我们总要活出一个独特的自己，一个有别于平庸和泛泛的自己。

■ 享受过程，才是生命中最幸福的事

1

还是学生时代的我，跟班上所有的同学们一样，最怕的是寒假前的期末考试，怕考砸，怕没考好给父母丢面子，怕不能过个安稳的新年。

为啥怕？父母们喜欢比呀，经常看到的画面就是："你儿子考了多少分呀？""我女儿考得好，全班第一呀。""我儿子没考好，唉！"，等等，如今我的耳朵里时常会听到这些声音，如同电流击了一般，全身发颤，脑袋嗡嗡作响。

为此，我们都害怕成为被别家子比下去的孩子，我们个个心不在焉地想着还未发生，就可能会出现的结果。而这种状态的出现，有来自多方面的原因。

记得那时初一时的班主任，喜欢戴一副黑框圆眼镜，站在讲台上唾沫星子满天飞讲了许多，最后才亮出最经典的一句话："你们何必着急那些还未发生的结果，享受过程才是最大的赢家，过程认真努力对待了，结果也不会太差。"

如今我把这句话送给了即将步入高考的妹子。她曾问我："姐，高考真的很重要吗？"

我答："重要，也不重要！如果把人生比喻为斗地主的话，我觉得高考在其中只能充当红桃A，连2与小王都算不上。你与其在乎结果，不如好好地享受努力认真的过程，过程用心了，结果也差不到哪里去！"

我们每个人都会害怕失败的结果，向往成功的人生，有的时候我们太过于注重结果，反而束缚了自我，失去了前行的方向与动力。

2

现在的我们已经长大成为社会各行各业的服务者，仍对小学六年级班上两个学霸级风云人物记忆犹新，一个小名叫卡车，一个小名叫星星，如今的这两名学霸，卡车正在国外留学，即将回到祖国怀抱。星星上完重点大学，前往了一家研究所上班，正在用努力与智慧书写着自己的青春奋斗史。

卡车是女孩，星星是男孩，后来他们成了同桌。写到此时，满脑子刷着小时候的各种画面，也突然地哼起了《同桌的你》，唱着唱着就哭了。

那时，班主任喜欢让男同学与女同学做搭档，相互监督学习，当时不解，后来我问奶奶，奶奶却笑着说："男女搭配，干活不累。"

我以为是这个理，可是在他俩的身上，我只看到了一场学霸级的战争爆发，同学们都说是卡车撞上了星星。

星星的父母是我们学校的双职工教师，在我们眼中，能有一个当老师的爸爸或妈妈是件很了不起的事情，可星星却命好到父母都是教师，他妈妈语文教得很棒，爸爸是全校数学教得最好的老师，那时的我们纷纷向他投去了羡慕的眼神。

可是星星的父母很专制又要强，星星年年都是全年级第一名，如果是第二名，父母准会给他总结问题，然后不停地给他辅导，最后的结果就是星星开始对学习产生了厌倦心理。长大后的星星回忆说读书生涯中，听到父母最多的一句话就是："我们只看你最后的考试结果，成绩是证明你努力的最好方式。"

卡车的父母是地地道道的农民，对于卡车的学习，从来不多管，更不会去教卡车如何学习，更多的是放养模式。

卡车的父母曾经对她说过一句话："孩子，不要急着去要结果，好好享受读书给你带来的乐趣才是最大的幸福。"

两个不同类型的父母，最终教育出来的孩子，一个是为了学习而学习的工具，另一个是真正快乐的学习者，虽然成绩都拔尖，可最终的结果是卡车成功地成了中英交换生，而星星虽然也以优异的成绩考入了重点大学，但去失去了享受学习乐趣的主动权。

现今我们都时常联系着，感慨着时光飞逝，也怀念着儿时的曾经。前段时间星星还跟我说：如果时光倒流，他一定要先享受学习乐趣的过程，不去着急结果。好在现在为时不晚，他懂得了不管工作还是生活，只有先享受过程才是最大的幸福，至于结果，很多时候，自有定数。

3

荔枝是我读书时在饭店做兼职认识的朋友，比我大半岁，看上去很干练。待在一起时间长了才知道，原来她除了做寒暑假的兼职，平时学校放假与节假日都会去做兼职工作。她读书的学费及一切开销都是她用自己的双手创造出来的。

很荣幸我们两人分到一个部门，都是做服务员，那是我第一次出门挣钱，第一次懂得了挣钱的不易。

我清晰地记得第一次做服务员从给顾客点菜、

上菜、用餐过程的服务，到最后的收拾碗筷，整个过程很苦，当时小小地抱怨了一声：“好累！”

正是这一声“好累”被荔枝听到了，她笑着地对我说：“第一次出来打工吧？”

我只顾着点头，也没去多想，她却突然说道：“出来工作的，没有不累的，好好享受着这份工作给你带来的乐趣，少一点抱怨，多一份用心，你会发现，结果往往比你想象中的还要好。”

我两眼金光闪闪，感觉她说得很有道理，决定以后就跟着她学。

一日正午，荔枝给一个包厢的顾客上完菜后，顾客突然大发雷霆地叫嚣起来，原因很简单，怪荔枝给他们推荐的菜不好吃。面对对方的无理，荔枝始终保持着微笑耐心解释，无奈对方硬是不听，最后的结果就是荔枝被他们投诉了，老板当着顾客的面责骂了荔枝几声后，让其退下去。

当时我心里打鼓，追在荔枝身后问道：“荔枝，怎么办？待会儿老板会不会辞退你呀，或者扣你的奖金？”

荔枝却很轻松地说道：“我已经尽我最大的能力去做好我该做的，至于结果，应该不会太吓人。”

她就是这么淡定地好像知道会是什么样的结果在等待着她，而我除了深深的佩服还有担心。

离奇的是后来的结果出乎我的意料，老板没有责罚她，反倒奖励了荔枝，还邀请她毕业后来饭店工作。

我惊讶不已，找到荔枝，荔枝说起初她也不能理解，后来老板说酒店就需要她这样的员工，面对顾客的刁难，却能以最高的素养去回应。

我问：“什么是最高的素养？”

荔枝答：“不管遇到什么，都以最美的微笑去面对一切的困难。”

在荔枝的身上，我懂得了微笑也是一种素养。

两个月的暑假马上就到期了，我与荔枝都要离开饭店，返回学校上学，我们到饭店的财务部结算了暑假两个月的工资后，老板的秘书给了我们两一人一个信封，好奇地拆开后，里面竟是现金五百元。

那时的五百元，够我一个月的生活费了，惊讶不已的同时，老板的秘书笑着道，鉴于你们暑假优秀的表现，这是老板额外给你们的奖励，同时老板还表示，毕业了如果没有地方去，这里随时欢迎你们。

4

毕业后，我留在了这座城市，而荔枝有更远大的梦想，选择了北上。

前两年我们一直保持着联系，后来各自的工作都忙，联系渐少，最后联系不上了，陆陆续续地问过一些朋友，各有说法，不过总归得到的回复都是她生活得很好。

于她而言，这么一个努力上进、做事有分寸、微笑甜美的姑娘，我想对于生活与人生的追求与态度，一定也不会太差。

荔枝，或许有朝一日，你能看到这篇文章，或许这篇文章与你擦肩而过，但是不管在何方，我的朋友，谢谢你出现在我的人生中，祝好。

人生前行的路上，或许你还在注重结果而忽略了过程，与其着急结果，不如好好地享受过程，享受过程才是最幸福的事情。

不管何时何地，愿你所想要的，都能如你所想的那般，美好而又幸福。

■ 不讨好别人，不委屈自己

1

五年前，在阳朔旅行时，认识了一位特别的女孩，她叫安尼，来自北非。皮肤黑，牙齿皓白，头上有很多根小辫子，这发型跟《好先生》电视剧中彭嘉禾的发型如出一辙。

那日，我与朋友从酒店出来，闲来无事，去逛了阳朔的西街，吃了很多的美食，最难忘的是啤酒鱼。突然有朋友提议去酒吧坐坐，便有了后来与安尼相识的缘分。

坐在吧台前，安尼面带笑容，很友好地递了一杯鸡尾酒给我，身边的朋友先是一愣，接着用胳膊撞了我一下，笑道："这次的接待的规格不错呀，国际友人。"

我一抬头，正好与安尼的眼神相撞在一起，心中顿时紧张，脑海里面有一万个问题冒出："我该跟她用英文对话吗？""用中文，她听得懂吗？"

她看出了我的窘境，用着还算流利的中文道："你好，小姐，请慢用。"

安尼的话一出，我兴奋地跳起来道："哇，国际友人，原来你会中文呀！"

安尼并没有多说什么，有点不好意思地点了点头，腼腆地笑了一下，继续为前来的每一位顾客调兑着各种不同品类的酒。

我这么一说，你或许已经猜到了她的职业。没错，她是一位很棒的调酒师。

那是一次短暂的相遇，我始终相信能在茫茫人海中相遇，也是一种缘分。

阳朔之行后，我在微博中写下了那次的偶遇。时隔两年后，当我再次去了阳朔时，却发现，原来她还在那里，一直没有离开。我熟门熟路地去了那家酒吧，只是里面的布局发生了很大的变化，而更大的变化就是，原来小小的调酒师安尼，如今已经是那家酒吧的老板。更神奇的是，她仍然坚持着自己为顾客调酒。

那日一入酒吧，迎面就闻到了一股淡淡的清香。相对于以前，现在的酒吧应该叫清吧，里面有着浓浓的书香味，没有了之前的喧哗与吵闹，让人多了一份归属感，愿意摒弃所有的杂念，闭上眼睛听着美妙的音乐，浅浅地小酌一杯，好不惬意。

我惊讶于分别这两年的变化，安尼用着他们特有的动作与神情，耸了耸肩膀，笑着说：曾经我来到这里，很多人都不解，后来我发现，与其到处解释，不如自己争气，最终的结果就是实现自己的梦想，开了这家清吧。

水还没有喝完，我惊讶地接话，道：“安尼，你是不是受了什么刺激？怎么突然干了这么大的事情？”

聊着聊着，安尼给我讲了一个故事。

2

安尼说刚来到中国时，她就爱上了这座有着浓郁文化气息的城市，第一站去的就是广西桂林，随后辗转到了阳朔，在阳朔西街闲逛时，爱上了西街的本土旅游文化与当地的风土人情特色。

安尼的老家在北非，从她的祖辈开始，对于酒的喜爱多于北非当地的居民。后来因为机缘巧合，她的父母来到了深圳发展，办起了酒厂，而她从小在各种酒香中成长，对酒的喜爱高于一般人。

她爱酒，特别爱收藏各种各样的名酒，但不好酒，对饮酒的量一直都是拿捏有度。而她现在的店里，也有一个特色就是，来此店消费的人，只能酒到适度，不可贪杯。如若今晚你是醉着出这家清吧的，那么恭喜你，你已经成了这家清吧的黑名单客户，自此不能再入内。

正是因为这样的特色，安尼的清吧很受欢迎，每晚生意特火。那天坐在吧台前，看着店内的客户，我赞许道：你以后就是我崇拜与学习的偶像了，我要像你一样努力前行，不惧困难，实现梦想。

安尼说很多东西，并不是眼前看到的这样，背后付出的汗水别人永远都看不到，只有自己能体会。

刚开始安尼在酒吧里面是以调酒师的身份进入的，后来，因为原酒吧的老板要回老家，想把酒吧卖掉，那时看中商机的安尼找当时的老板谈了整整一天一夜，最终以两个人都可以接受的价格把这家酒吧盘了下来。

我惊呼，你哪来的那么多钱？她告诉我，钱是跟父母借的，但得高于银行利息的三倍还给父母。

我问，你不怕失败，万一失败了，你借你父母那么多钱怎么还？

安尼眼神坚定地答道，想过，如果失败了，我就在父母的酒厂里面上班，将所借的钱都还清。

我安慰道，毕竟是自己的父母，假如你真失败了，你父母也不会真要你还的。

安尼摇了摇头道，在他父母的观念中那是两回事，从小他们就很独立，在“给”与“借”之间有着很清楚的概念。

其实安尼的父母也不是非得要安尼还那么高的利息，当初之所以想出这方法，目的是想制止安尼自己做生意、开清吧，二老特别反对她一个人在阳朔西街开清吧。

在父母的眼中，他们认为安尼此时应该做的是找个好男人把自己嫁了，可在安尼的眼中，她认为自己此时要做的事情，就是实现自己曾经想开一家清吧的梦想。

在梦想与父母的安排中，安尼顶住压力，选择了梦想，鼓起勇气盘下了这家店。当我佩服她的胆量时，她却笑着说，年轻人，梦想还是要有的，万一实现了呢。

是呀，很多时候，我们就是在梦想与现实的边缘中挣扎着，等想清楚的时候，一切都为时已晚，只有后悔的份。

当安尼兴高采烈地拿到了清吧的钥匙后，花了一个月的时间对原来的酒吧进行装修，然后开业。

一切都准备就绪，就等着顾客上门。每到晚上，别人的酒吧，客满全场，安尼的清吧安安静静，只有那么一两个顾客。

这样的状况一直持续了三个月，之后的三个月，清吧连本带利全亏进去了，就连当时清吧里面所有员工工资都发不出来。

安尼第一次尝到了失败的滋味，懂得了生意不好做，她把自己关在后厨，哭了许久。清吧内的所有员工得知安尼的困境后，自发组织站了出来，找到安尼说，老板，我们不需要工资，我们一起努力度过最困难的时刻，什么时候公司盈利了，什么时候再给我们发工资。

对于一个老板而言，如果公司里能遇到这样的员工，是幸运也是最宝贵的财富。安尼得到了员工们的支持与理解后，承诺他们，只要给她三个月时间，她一定会扭亏为盈。

自此以后，老板与员工之间拧成一股绳，个个都充满了干劲与活力。皇天不负有心人，到了第五个月的时候，清吧的营业额直线上升，他们把清吧的特色与品牌打了出去。

现在的安尼回忆两年前初创业的情景时，感叹地道：只要努力去坚持了，梦想真的不再是梦与想，而会真的实现。

3

如今，安尼已经在中国成家立业，有一个爱她的丈夫，一个可爱的混血孩子，一个幸福美满的家庭。我记得我当时问过她一句话，当时只想着开清吧，真的一点也不在乎别人的想法吗？

安尼自信地回道，与其到处解释，不如自己争气。

很多时候我们往往会在乎别人的看法，活在他人的想法与议论声中，失去了前行的自信与力量。

人生前行的道路上，会遇到很多的不解，你无须到处解释，你能做的就是自己争气，愿行走在梦想道路上的你、我、他，都有这样的胸襟与气魄，活出最精彩、最真实的自己。

■ 勇于面对挫折，才能赢得精彩

1

桃之夭夭，灼灼其华。

桃灼的名字就是这么来的，她说，别人每次一听我的名字，都喜欢叫我桃子，其实我一点也不喜欢吃桃子。

桃灼是一名网络直播的网红女主播，身材高挑，有着一双迷人的大眼睛，纯天然的双眼皮。笑起来，会有两个浅浅的小酒窝，还会露出两颗可爱的小虎牙，她经常对我们说，女有虎牙，吃四方。

我们统一回复："切！"

桃灼没成网红主播前，是某公司的礼仪小姐，那时的她就期待着自己有一天能像电视女主播一样，出现在银屏上，成为家喻户晓的女主持人。

认识她时，是在某场活动中，她担任礼仪小姐，那晚她的主要工作是引领颁奖嘉宾上台，为获奖者颁发奖品与证书。

多年的礼仪工作，让桃灼开始反思自己。她想重新定位自己，她觉得自己的人生不应该是这样的，她还那么年轻，还有突破自己的可能。

经过深思熟虑，她却选择了跳槽，她说，从今天开始，向梦想出发。

经过几天的观察，她走访了几家网络直播平台公司，最终将自己的目光定在了其中的一家网络直播公司，而正好这家网络直播公司招募两名女主播。

桃灼为自己准备了一份精美的个人简历，参加网红主播的面试。经过初试、复试，不管口才、声音、相貌、学识、谈吐，她都要比一般的参试者更胜一筹，最终成功突围。

桃灼开启了网红实习女主播的工作。第一次进入直播室，第一次正儿八经地看到自己出现在电脑银屏上面，她说：“那一刻，我感觉自己离梦想是那么近，又那么远。”

我问她为什么会有这种感觉时，她说，看似是光鲜的女主播工作，可是却要付出很多努力，小到如何主持当晚的节目，大到回答电脑屏幕上出现的各种问题。

实习的三个月时间，让桃灼对网红女主播又有了新的认知。一日，她正准备接班当晚的工作，这时交接的女主播正是公司的首席女主播 Aimi，她对桃灼道：“真是想不明白，好端端的礼仪工作不做，偏偏来我们这里搅什么浑水，慢慢熬吧。”

桃灼不把这些放在心中，她只知道自己的选择是对的，她知道自己现在在做什么。

离桃灼结束实习还有半个月的时间，此时某汽车品牌正举办一场汽车博览展会，会展上的车模个个靓丽，其中也有一些来自国外的模特，而公司却派桃灼前往了该活动地点进行网络直播。

那时正值冬天，为了增加在出镜时的现场效果，她一个人来到了风最大的坡上，而这个坡可以一览整个活动会场。桃灼一边被冷风吹着，一边手持自拍杆解说着当天的活动。

哪怕全身被冻得僵硬，她也不吱一声，她知道如果这点苦她都吃不了，会有更多的人等着看她出糗，她不能这么软弱，她必须要做一个坚强的姑娘。

实习期一结束，上司给桃灼分配的工作仍然是晚班模式。她找过上司，可否让自己一个月也上几次白班的直播时，上司只回复了她一句话，等你什么时候也能像 Aimi 那样，成为当红女主播，为公司带来实际效益时，再来跟我提条件吧。

桃灼没有反驳，她知道弱者永远没有说话的权利，只有成为强者，才能为自己取得一定的话语权。

她默默地走出上司的办公室，来到大厦的楼顶。风从耳边吹过，放眼望去，她突然觉得视野如此开阔，风景这边独好。擦干了眼泪，她对自己说道："桃灼，你可以的，一定能成为首席网红女主播的，加油！”

回到自己的办公桌，看着此时正在直播室里面的Aimi，她没有嫉妒，也没有抱怨，只以微笑面对。

她知道每个人的成功，都会经历一段刻骨铭心的人生历程，不管前方的路有多曲折，有多艰难，她都不会轻言放弃。

2

只是她怎么也不会想到，自从她转正后，不是进直播室，而是做了更多其他的事情，基本上让她处理接待工作，一个月也只有三四次进直播室的机会。

这一次，她没有选择继续忍耐下去，决定主动出击。她找到上司，问上司，为什么她的合同签的明明是网络女主播，而实际上给她安排的工作就是前台接待。

上司的答复让桃灼吐血，她说，不要小看了前台接待，那里正是锻炼你的地方，只有把前台工作做好了，以后你在直播室的工作才会做得如鱼得水。

桃灼只是笑笑，说道，既然如此，那合同失

效吧。

桃灼离开了这家网络直播公司，走在大街上，看着车流不息，人来人往，她知道这些都与她无关，但不管现实如何折腾梦想，她说她决不会轻言放弃。

休息了几日后，桃灼前往了另一家规模与之前那家一样大的网络直播公司，她鼓起勇气，投递了个人简历。参加面试时，没有考官，直接进入直播室，她们采取随机抽取考题的形式，让每一位参加面试的人在直播室里面完成直播。

桃灼在心里暗暗下了决心，这一次一定要成功，她认真地研究了一下考题，在心中模拟了一番，自信地走进了直播室，坐在电脑前面，开始了直播。

由于之前有一段直播的工作经验，她出色地完成了这次考试，考官很满意地点了她的名字，最终入选的人就是桃灼。

在这里，桃灼开启了努力拼搏的工作模式，她知道这一次的机会来之不易，她要更好地珍惜。

桃灼仍然实习了三个月。而这三个月对她而

言，虽然工作量大，任务重，至少每天做的事情都是她喜欢的女主播直播工作，也没有人会瞧不起她，更没有人对她冷嘲热讽。

桃灼的上司也很器重她，时常会安排一些重要的直播给桃灼，不仅让她得到了锻炼，也让她对自己的未来更有信心。

她说，一个人跟对一个团队很重要，一个人一生遇到一次贵人是福分，要珍惜。

桃灼在公司永远是工作量最大的女主播，可她从未有过怨言。有的时候有女主播请假，上司就安排桃灼上直播，有人不愿意去的活动现场，桃灼也会自荐前去进行直播。

由于桃灼的努力与吃苦耐劳精神，上司对她的印象越来越好，如今的桃灼已经是公司的首席女主播，而只要是她主持的网络直播，场场人气旺盛。她不仅成了当红网络女主播，更是由于她的人气，为公司带来了丰厚的效益。

如今的桃灼除了每天工作，就是利用业余时

间充实自己，她说，人要与时俱进，才能不被社会淘汰。

我问她，如今你已经是当红的网络女主播了，干吗还要跟自己较劲。

她说，能走到今天，其中的酸楚与曲折只有她自己心里知道，但不管如何，她终究还是赢在了终点。

后来的某日，桃灼以当红人气女主播的身份出现在某活动现场时，她遇到了曾经那家的网络公司的上司，这一次换那上司傻眼了，她怎么也不会想到，曾经就有一个好苗子在她的面前，她却放弃栽培，拱手让给了竞争对手。

人的一生会经历很多，曲折的人生更能催化出人的拼搏奋斗精神。当你面对曲折时，请不要退缩，你要相信，只有曲折的过程，才能让你在人生的行进中懂得珍惜，最终赢在终点，而不是输在起点。

■ 唯有坚持，不负青春

1

网络上一档演讲视频，短短的十四分钟，却触动人心。戳中泪点的小故事，还有大山里落后的医疗环境，每一个都是那么真实，那么感人。而这位演说者是我所见过的最美丽、最纯朴的乡村女医生，她的名字叫马丽，是个“80后”。

这一次无意的点开，让我对这位乡村最美医生马丽多了一份敬佩。后来直接搜索出了她所有的演讲视频，每场看后我都流下了感动的泪水。在与另一位选手对决时，她的演讲题目是《无悔乡医路》，她让我认识到了大山深处艰苦的医疗状态与环境。

很清楚地记得，她在演讲即将结束的时候说过这么一句话：明天我就回去了，即便没有战友，没有支援，我依然会孤军奋战，竭尽全力坚守好自己的岗位，这是我的使命，我为此骄傲。

在这条乡村医生的道路上，马丽从三年前想离开，到后来的留下来，如今已有十五个年头。我相信马丽选择坚持的意义，我相信她的坚持一定会迎来更美好的未来。

2

剑兰，一位乡村女教师，跟马丽的情况很相似，扎根在大山深处，教书育人，在平凡的岗位上，做着不平凡的工作。

认识剑兰时，正是她参加最美乡村教师颁奖典礼活动。她是其中的一位受奖者，第一次见她，运动短袖衫加浅蓝色牛仔裤，一双黑色的运动鞋，扎着一个小马尾，很精神。

剑兰大学毕业后，参加志愿者活动，成了大山里的小学老师，而她所教的班级学生不到十人。

她说，每天的学生上课人数不足十人，作为老师，心里很难受。面对学生少，环境差，加之父母不停地催促让她返城，剑兰多次纠结、苦恼，她从内心舍不得这里的学生。经过无数次的思想挣扎，她选择了准备离开。

我问她当时正准备离开时的心情是怎样的。她答："挣扎、难受、痛苦。"

当她打开房门时，映入眼帘的是那些孩子纯朴而又充满不舍的眼睛，看着那一双双又小又黑的手里，有用布包着的包子，也有鸡蛋。那一刻，剑兰的内心崩溃了，她抱着眼前的孩子们哭了许久。

心情平复后，她下定决心，对眼前的孩子们道："孩子们，老师不走了，就留在这里陪着你们一起成长。"

她话一说完，孩子们的脸上，一个个都乐开了花，蹦蹦跳跳的，手舞足蹈地欢呼雀跃着："老师不走了，太好了！老师不走了，太好了！"

她说，这一刻的心情与幸福无法用语言表达。

一转眼的时间，剑兰在那座大山里，待了整整两年。她的父母再也坐不住了，二老从城市连夜辗转多趟汽车，最后还是搭着当地农民的牛拉小板车才出现在了剑兰的眼前。

剑兰的父母到达女儿工作的地方，看到这里的环境，表情是崩溃的。当时她的母亲边哭边拉着她的手，最后直接连拖带拽，态度强硬地要带她离开这里。

因为是晚上，由于山路不好走，最后在本校的另一个老师的劝说下，剑兰的父母才勉强答应在这里住一晚，母亲要求她第二天必须跟着他们回家。

第二天，天刚亮，母亲就拉着剑兰，态度还是一如既往的强硬，必须回家，不能让自己的女儿在这里吃苦。

可是剑兰早就下定了决心，要一直在这里教书育人，直到这个学校来了接班的老师，她才能放心地离开这里。

孩子们似乎知道了剑兰的父母是要将他们的老师带走，一个个偷偷地躲在房屋侧面，时不时地探出个小脑袋，眼神全聚集在剑兰的宿舍门口。

其中却有一个很小的姑娘，躲在房屋的侧面，一不小心，被后面的小朋友推了出来，她站在原地，很是紧张，手不停地捏着自己的衣角，眼神充满了渴望、害怕与胆怯。她想把自己的老师留下，可又害怕向前，她甚至不敢说一句：老师请您留下来。

剑兰似乎看出了小女孩的心思，剑兰的父母看着眼前这位瘦小黝黑的小女孩，他们没有发出任何的声音，心里却五味杂陈。最终剑兰的父亲，把剑兰拉到一边，认真问道："孩子，你真愿意一直待在这里继续教书吗？"

剑兰的眼神中充满肯定，向父亲点了点头，回复了一个"是"字。

父亲深明大义地看了剑兰两眼，道："孩子，爸爸相信你的坚持是有意义的，在这里好好地教书育人，有时间，记得常回家看看。"

剑兰的父母就这样离开了大山。送别父母，在回学校的路上，剑兰哭得稀里哗啦，这一刻她深深地体会到了忠孝不能两全的滋味。

3

剑兰笑着告诉我，如今得到了父母的支持与理解，她可以更加放心、大胆地去做，坚持做自己当初一直想要做的事情，让更多的孩子得到学习知识的机会。

剑兰开始了她的计划，利用每周的双休时间、其他节假日时间走家串户，到当地辍学孩子们的家庭中去，给这些孩子的父母做思想工作，灌输新思想，希望他们把孩子重新送入学校读书，学习知识。

刚开始的路特别艰难，就连本校的另一个老师，都建议剑兰不要再白花力气，浪费口水，别再坚持给他们做思想工作了，他们是不会相信知识可以改变命运的，相反会觉得那是在跟他们家的劳动力作对。

对于当地的家庭而言，孩子长大了，就意味着可以多一个人帮着分担一点家务，可以多一个人耕田种地，以后丰收的时候，就多了一份劳动果实。

剑兰始终认为知识可以改变命运，如果不让孩子们得到更好的教育，那他们世世代代都将以苦力为生，都不能走出大山，看不到更广阔的蓝天白云。

一个人坚持着去做一件让人不理解，甚至觉得没有意义的工作，是很尴尬也很难受的事情。剑兰走访了很多户家庭，用自己的努力与坚持，用行动去感化着他们，努力地做着别人不敢去做的事情。

她每到一个家庭，基本上都被那些家庭谩骂过，觉得剑兰是吃饱了没事做，多管闲事。

时间久了，来学校读书的孩子还是很少，但剑兰没有放弃，哪怕有再多的不理解，她也要让那些曾经辍学的孩子们重返课堂。

此时的剑兰，如同一头倔强的犟牛一般，听不进别人的劝说，继续坚持着，继续利用节假日与休息时间去走访那些家庭，继续动之以情、晓之以理地给孩子们的父母做思想工作。

她到一个家庭走了三十多次，最后家长被感化，将孩子送回了学校，孩子也开启了读书学习生涯。

慢慢地，曾经辍学的孩子，一个接着一个地返回到了学校。

最后只剩一个小男孩没有回学校，剑兰了解到情况后，来到这位孩子的家里，做孩子的思想工作，不是家长不让孩子重返学校，而是孩子自己不愿意继续学习。

原因是这个小男孩的家中只有一位八十多岁的老奶奶，再无其他亲人，他放不下自己的奶奶。剑兰得知了这个情况后，毅然答应了小男孩，将他八十岁的老奶奶也接到了学校，把自己住的房间让了出来，自己住在另一间很小很小的房间，小到只能放下一张桌子，一张床。

其他人既佩服剑兰，也对剑兰的做法不解，不知道剑兰做这些是为了什么。

剑兰看着班上终于坐齐了的学生，脸上洋溢着幸福而又满足的表情，她对另一位老师说道：“这就是我曾经坚持的意义，我从不怀疑我坚持去做的每一件事情，因为我一直相信自己坚持的意义。”

剑兰的付出与坚持，确实是非常有意义的事情，如今到学校上学的孩子越来越多，一说到剑兰老师，很多家长都竖起了大拇指。

其中有一位家长在接受采访时，笑着说：“如果没有剑兰老师多次地上门走访做思想工作，或许我家的娃如今一个字都不识。有一次我因为生病到外面住院，连自己的名字都不会写，最后还是娃帮忙写的。这一刻我才明白，有知识真好。差点因为我们的无知，毁了孩子的一生。”

剑兰坚持着自己的教书育人之路，不在乎他人的眼光，用自己的坚持，尽一切努力将教师的能量发挥到最大。

看着她手中捧的荣誉证书与水晶奖杯，这份荣誉于她而言，实至名归。

人的一生最难做到的事情就是坚持，雷打不动地坚持做一件有意义的事情，不受任何困难及因素的打击，不畏前方的未知，坚持继续前行，需要的不仅是勇气，还有足够的恒心与毅力。

就如剑兰所说：我更相信自己坚持的意义。

愿在人生道路上前行的每一个人，都能相信自己坚持的意义，清晰明了地知道自己坚持的方向。

第四章

你给生活机会，它才会赠予你风景

■ 克服浮躁心理，从容面对人生

最好的心境，是静心和沉稳。水面静，才能映出完整的月亮，心静才能接收外界良好的信息，才有良好的心态。然而现实生活中，想做到静心却很难。我们一生都在自觉或不自觉地同浮躁做斗争。只有战胜浮躁，我们才能够真正主宰自己。可以说，浮躁是人生的大敌。

做学问不能浮躁，一旦浮躁，势必一事无成；做人不能浮躁，一旦浮躁，势必为人浅薄。浮躁二字，害人不浅。

确切地说，浮躁是一种焦虑不安的心态。进取心太急切，患得患失；虚荣心太强，战战兢兢。一心争强好胜，唯恐榜上无名。说起来头头是道，仿佛一肚子雄才大略，做起来却手足无措，因为时刻担心一着不慎，满盘皆输。以上这些，都是浮躁的根源。

浮躁是幸福的大敌，只能带给你焦虑不安的人生。因此，我们要学会如何不浮躁，如何让自己的身心都处于一种宁静祥和的状态，这种状态就是从容。从容是对浮躁的彻底否定，是一种超然的智慧，更是一剂良方。

“行到水穷处，坐看云起时。”人生需要一颗安静的心，一份淡然的超越，一份从容和淡定。

从容，即舒缓、平和、朴素、泰然、大度、恬淡之总和。从容是一种力量，不是淡漠也不是激愤。它可以使人站在一个更高的角度看生活，而不被生活愚弄，不被世事纠缠。自古至今，这都是一种难得的境界和气度。从容之人，为人做事不急不慢、不躁不乱、不慌不忙、井然有序，面对外界环境的各种变化不愠不怒、不惊不惧、不暴不弃。虽遭挫折而不沮丧，虽然成功而不狂喜。

境由心生，命运掌握在自己的手中。以乐观积极的态度看待事物，是不会有损失的。当环境无法改变时，不如改变眼光看它，适应它，然后从中受益。生活中有太多的不可测因素，如果事事计较，情绪难免大喜大悲，起伏不定。

所以，人要让自己拥有平和、积极的心态，最重要的一点就是要学会忍耐，不浮躁地面对生活。

天有不测之风云，人有旦夕之祸福。福与祸的转换就像这风云之变化无常，所以，无论是福至，还是祸降，只要你保持心境的平和，凡事淡然处之，那么福也好祸也罢，又怎能破坏你内心的从容呢？

老子说：“祸兮，福之所倚；福兮，祸之所伏。”在灾祸的里面，未必不隐藏着幸福，而在幸福之中，未必不隐含着祸患的根源。世上之事总是福祸参半，而福祸之事也总是相互转化，如果能及早认清这一点，那么烦忧之事就可能不再侵扰身心，这样，我们就更可能从容自若地去面对生活了。

■ 懂得放下，人生才精彩

现实生活中，多数人都认为，人生最大的成就感就是不断地得到自己想得到的；但实际恰恰相反，“放得下”才能使人生更完美。尤其是对各种名缰利锁，若死死抓住不放，思想包袱就会越来越重，私心杂念就会越来越多，脚步就会越来越沉，最终在机遇和挑战面前，就不可能产生积极向上、锐意进取、奋发有为、开拓创新的朝气，也不可能挣脱前进道路上的各种羁绊。

法国哲学家、思想家蒙田说过：今天的放弃，正是为了明天的得到。这正是一种大气度的表现。

在这个世界上，为什么有的人活得轻松幸福，而有的人却活得沉重痛苦？前者是拿得起，放得下；而后者是拿得起，却放不下。

所以人生最大的包袱不是拿不起来，而是放不下去。

放得下是一种能力，更是一种胸怀。有些放是一种自然的放，放得无怨无悔、无忧无虑；有些放是一种无奈的放，放得不舍不弃、不情不愿。自然的放，可以放得潇洒，放得自如；无奈的放，往往成为心结，成为遗憾。自然的放，大多会成为人生美好的留念；无奈的放，一般会成为人生苦涩的记忆。不管是哪种放，该放的时候总得放下。

处事时，该放就放，该断就断，不要因小失大。放下是一种顺其自然的心态，人生总是在取舍之间，面对不同的选择，应该学会放下，学会知足，这是智者的心态，是成功的阶梯。

懂得了放下，人生才会更精彩。

■ 别让拖延毁了你的人生

在生活中，经常会听到这样的声音：“我不知道做这些事情有什么意义？”“真的有这么重要吗？还是等我心情好了再去做吧。”“早做晚做又有什么差别呢？还有比这更有趣的事情呢。”等等，似乎总是在拖延着一切。

古人说得好：一寸光阴一寸金，寸金难买寸光阴。一切有远大志向的人都深深懂得时间的可贵，他们绝不拖延，因为拖延就是对自己的生命不负责任。

拖延是一种恶习，是一种毁灭性的力量。

在战场上，两军对垒，形势危急，谁先出手击中对方，谁就能获得生机。这时候你能拖延吗？几秒钟的拖延不仅会让你性命不保，还会让你身边的战友付出生命的代价。所以时间就是生命。

在商场上，有客户抛出上千万的订单，很多和你一样的商家都想得到这张订单，这时候你能拖延吗？你若拖延，煮熟的鸭子也会飞掉。所以时间就是金钱。

在考场上，面对题目繁杂的试卷，你能拖延吗？你若拖延，就算你有状元的水平，做不完题，考官也不会给你足够的分。所以，时间就是考生的前程。

在职场上，面对一项项富有挑战的工作，你能拖延吗？你的一点点拖延，很可能会耽误整个公司的流程，丧失最佳的竞争时机，甚至让公司被市场无情淘汰，所以时间就是效益。

拖延是不思进取的表现。也许有人会说，在合适的时候拖延一下也是有好处的，例如在沮丧、愤怒或者心情不好的时候，中断工作比勉强继续的效果更好。

我们并不否认这种说法的合理性，但这并不意味着我们就可以随随便便拖延。实际上，那些在沮丧、愤怒或者心情不好的时候不得不中断工作的人，事后他们也会后悔：唉，真是倒霉，又浪费了我这么多时间。所以真正优秀的人是不会随便拖延的，更不会为自己的拖延寻找借口，他们认为，拖延是一种无耻的行为，而决不拖延则是成功者必备的优秀素质。

埃克森——美孚公司是美国一家知名企业，在这家公司领导层的办公室里几乎都悬挂着一个数字电子白板，白板上一直显示着一段话："决不拖延！如果我拖延下去，我将会怎么样？如果将工作拖到以后再去做，那么会发生什么？”“决不拖延”是这家公司员工的重要行为准则。

公司负责人解释说：“决不拖延，我们就可以轻松愉快地生活和娱乐。避免拖延的唯一方法就是随时开始行动，而随时开始行动，首先必须认识到自己工作的重要性。另外必须记住的是，没有什么人会为我们承担拖延的损失，拖延的后果只有我们自己承担。如此一来，我们就可能在一个庞大的公司里，创造出每一个员工都不拖延哪怕半秒钟时间的奇迹。”

拖延是一种不好的工作习惯。由于惰性心理，得过且过，今天该做的事拖到明天完成，现在该打的电话等到一两个小时后才打，这个月该完成的报表拖到下一个月，这个季度该达到的进度要等到下一个季度，等等，带着这样的念头工作只会感觉工作压力越来越大。能拖就拖的人心情总不愉快，总感觉疲乏。因为拖延并不能省下时间和精力，刚好相反，它会使你心力交瘁，疲于奔命。

要记住：改变一种行为不要拖到明天，否则它会变成一个习惯；拒绝一份诱惑不要拖到明天，否则它会造成伤害；抓住一次机会不要拖到明天，否则失去后它不会再来；作出一个决定不要拖到明天，否则一切看似英明的决策都会变成“马后炮”。

成功者必是立即行动者。对于他们来讲，时间就是生命，时间就是效率，时间就是金钱，拖延一分钟，就浪费一分钟。只有立即行动才能挤出比别人更多的时间，比别人提前抓住机遇。

渴望成功，或想在事业上有所建树的朋友，请你们务必记住，立即行动起来，不要拖延，因为拖延等于死亡。

■ 努力有方向，人生不迷茫

一些人常常抱怨命运的不公平，他们感叹，为什么自己每天也忙忙碌碌，但成功的人偏偏不是自己呢？难道这不是命运的不公平吗？

我相信，很多人都曾经有过这样的迷茫和困惑，当你感觉世界亏待了自己的时候，不妨在夜深人静的时候问一下自己："真的是命运不公平吗？自己每天忙忙碌碌，但是努力的方向是对的吗？"

刘易斯·卡罗尔的作品《爱丽丝漫游奇境记》中有这样一段对话：

"请你告诉我，我该走哪条路？"

"那要看你想去哪里？"猫说。

"去哪儿无所谓。"爱丽丝说。

"那么走哪条路也就无所谓了。"猫说。

这个对话很简单，却耐人寻味。当一个人没有明确的目标的时候，自己不知道该怎么做，别人也无法帮助你！当自己没有清晰的方向的时候，别人说得再好也是别人的观点，不能转化为自己的有效行动。

世界上有一些人忙忙碌碌，但最终一事无成，一个最关键的因素就是因为他没有注意到自己努力的方向是否正确，结果很可能把精力消耗在了偏离方向且不重要的事情上，白白做了许多无用功。他们在羡慕别人成功的同时，往往不知道自己的失误到底在哪里。

唐僧西天取经的故事，蕴含了一个深刻的道理，它告诉我们——明确前进的方向是多么重要。

去西天取经的路上，四人结伴前行，就是一个团队。在这个团队中，孙悟空有七十二般变化、降妖除魔、冲锋陷阵；猪八戒表面看起来贪吃贪睡，好像没什么本事，但打起仗来也能上天入海，助孙悟空一臂之力；而沙僧憨厚老实、任劳任怨，一直把大家的行李挑到西天；唐僧最舒服，不仅一路上有马骑、有饭吃，而且妖魔挡道也不用其动一根指头，自有徒儿们奋勇上阵。

那么，在这个团队中，谁最重要呢？答案让很多人大吃一惊！他就是唐僧，唐玄奘！

很多人不解，为什么是唐僧呢？

仔细想想，你就会发现，在这个团队中，唐

僧是前进目标最明确的一个，他的目标简单而明确——到西天取经！别看他弱不禁风，不会武功，就是他，在孙悟空一赌气回了花果山、猪八戒开小差跑回高老庄，沙僧也犹豫的情况下，毅然一个人奋勇向前，不达目的誓不罢休。因为，唐僧心里清楚地知道，他去西天的目的是要取回真经普度众生。他知道为什么要去西天，他知道他为什么做，他知道他要什么。

而其他三个徒弟，他们并不知道为什么要去西天，他们只是知道保护好唐僧就行，跟着唐僧走就行了。而唐僧是领路人，如果没有唐僧，这个团队还不知道乱成什么样子了，那么，去西天取经也就成了猴年马月的事情。

可见方向对于一个人来说是多么的重要。

只有选对了方向，才能有前进的动力，才有成功的希望。正确的方向，既是成功的开始，又是成功的保证。如果没有正确的方向，再大的本领也是没有用的，再多的努力也是没有效果的。

一些人目光不够长远，努力的方向明明是错误的，还一直坚持，不懂得调整自己的方向，结果使自己陷于忙忙碌碌和无所作为的境地。成功的人之所以能够成功，就在于他们都有一个共性，那就是善于把握前进的方向，不论他们做什么事情，都把目标看清楚后再开始行动。如果没有明确的方向和目标，一味蛮干，和《南辕北辙》故事中那个愚蠢的人又有什么区别呢？

大多数人在匆匆赶路的时候，不考虑方向的问题，结果去了一些根本不值得去的地方。没有了方向，努力就失去了意义，要记住，努力有方向，人生不迷茫。

■ 没有人的成功是随随便便的

别怕被拒绝很多次，总有一次你不会被拒绝。

1

每一个人都害怕失败，更害怕被拒绝。

一直以来，我特别佩服那些做营销的人才，我觉得他们不仅有非常棒的口才，还懂得如何去推销自己及自己的产品，还能不被人拒绝。

记得实习的第一年，年轻气盛，干劲十足。有一次在谈一个业务单的时候，就靠着一股干劲与胆量来到一个大银行，找到了他们的总经理，直接开门见山地介绍我们的方案，结果可想而知，被拒绝了！然而就那一次被拒绝后，我就再也没有去跟进，也没有再深思被拒绝的原因。

到现在时隔六年，再次回想起来时，才恍然大悟，如果当初我多跑几次，多与那郭姓总经理交涉洽谈几次，结果肯定会是不一样的。后来我懂得了，自己害怕拒绝，没有恒心，如果当初有一颗不惧被拒绝的心，我相信总有一次我不会被他们拒绝。

2

我有一个朋友，名叫可可，是一名代购微商。

一提微商，很多人既爱又恨。这种心情特别能理解，因为每次打开朋友圈，各种宣传广告漫天飞。

而我的朋友可可，或许与其他的微商不太一样，或许这也是她的独特魅力所在。

可可最喜欢问我：“微商要属哪家强？”

我答：“买东西，就找可可。”

可可又接着问：“找可可能买啥？”

我答：“想买啥就买啥。”

可可接着问：找代购不用选其他，要选就选可可家。

我接着道，找可可准没错，货真价实，你买了不吃亏，买了不后悔，全场十元，样样十元。

后面的话还没有说完，嘴就被可可用抹布给堵住了：“你当我这里是十元商品店呀？”

我答：“呀，这广告词好像真有点像哦。”

四年下来，她的生意已经做得很大，每天都在发货，不停地发货，全国各地的人都找她买，主要看在第一她的人品，第二她的产品都是正品。

当然，我自己也一直在她那里购买一些所需要的产品。其实我一直很好奇她的生意为什么会那么火爆，我觉得这不是运气，一定有她的奥秘所在。

她笑着说，哪有什么奥秘，人不都是被拒绝千万次后，才赢来了成功的机会。

我调侃她，生意这么火爆，也还会有被人拒绝的时候？她悄悄地跟我讲了她人生第一次做代购的尴尬插曲。

3

可可说，第一次做代购的时候，正赶上了微商刚兴起的时候，也算是走在了代购微商的前沿。如果没有记错的话，那时候，她应该是全市最早一批做微商代购的。

可可家很多的亲戚要么在国外留学，要么定居在国外。相比于一些代购资源还不是很丰富的代购微商而言，可可占了很大的优势。

起初只是一小部分人在她那里找她代购，她笑着说，当时只卖奶粉，后来就想着拓宽代购货源，做起了奶粉、各种保健品、时尚皮包、香水、奢侈品等，只要你想要买的，她基本上都可以找熟人给你买到。

开始卖保健品时，很多的顾客都开始对她产生了怀疑，觉得她跟其他的代购一样，卖的产品开始五花八门，不再是专一卖奶粉。

有一部分顾客，慢慢地不再找可可拿货，闲聊时，可可就笑着问他们，怎么突然不要奶粉了，她们的回答基本上都是统一的一句话：你怎么不好好卖奶粉，又卖其他的东西，太不专业了，像个开百货杂店的。

自她开始卖保健品起，原来的顾客慢慢在减少，直到最后只剩下一个宝妈还在她那里买奶粉，其他人基本上拒绝再跟可可进行生意往来。

此时，如果这换成任何一个微商可能都坐不住了，可可却安安静静地，继续用自己的良知与良心，为顾客们选购产品，每天开开心心地做着生意。

第一批保健品到货后，一瓶都没有卖出去，还倒贴了钱，数额还不小。我当时就吓住了，问道，被这些熟悉的人拒绝了，难受吗?

她答:难受，但我不怕他们拒绝许多次，我相信，总有一次不会被拒绝。

后来我才得知，可可为了寻回客源，她每天都会给新老顾客坚持发送一些问候信息，却从不提及商品，只会在她的朋友圈里发布那些商品广告。每逢过节过年，她也会适时推出优惠让利政策。

然而这些远远不够，她在每天继续坚持发送短信的同时，经常联络着以前的买奶粉的老顾客，聊天的内容，也仅限于拉拉家常，适时地会推荐一下产品。每次推荐的时候，她都会根据客户自身的情况来定义，再推荐，她的宗旨就是不推荐贵的，只推荐合适的。

另外，她还推出了不管你买的是什么产品，只要同城买就免费送货上门到家的策略。

有几次，可可明明按顾客的要求将产品送到了家门口，可顾客突然反悔，说不想要了。无奈之下，可可也只好带着这些产品回家，但却从未有过怨言。

慢慢地，原本流失的顾客，一个个又重新回到了可可的身边，他们由购买奶粉，转变到购买其他产品，而且每个人由之前的抱怨，变成了信任。

拒绝，特别像巨人，它总喜欢占据人的内心，把人的勇气吓跑，让其退缩。而恒心却是拒绝的克星，只要有足够的恒心，就算多次被拒绝，但我相信总有一天，会被诚心接受，只是时间早与晚的问题。

4

可可就这样在拒绝与接受中，蜕变成了一名有实力的代购微商，这让我想到了另一个做营销的女性朋友。

凯瑞就职于一家外企，从事营销工作，她的具体职位现在应该是营销部总经理。

职场是一个残酷的地方，特别是在营销岗位，女性的出现就如同一把双刃剑。

凯瑞，这个名字也是后来进入这个公司才取的，这或许也是外企的一种怪象。我身边所有进入外企工作的朋友，基本上都有了一个英文名，据说这样叫入流，也叫时尚，就跟那些时尚美容、美发店里面的工作人员一样，随口一叫一个洋气的英文名。

凯瑞的故事或许有点传奇，她三十五岁前是做行政工作的，三十五岁后辞职跳槽，在外企干起了营销工作。

别看她现在是个高管，用她的话说：姐也是从江湖里面闯荡出来的，靠的是真本事。

起初凯瑞跟着她的师傅学习营销技巧，她初涉营销职场时，第一单还是一个大单，当然这一单不是她的，是她师傅的。

第一次她跟着师傅出门谈业务的时候，内心激动窃喜，但也紧张。到了对方公司总经理办公室时，她干劲十足地讲解起自己的方案，优势在何处，为什么要选择他们公司。

结果对方盯着她的眼睛认真地看了三秒，表情冷酷道:“不好意思，我们没有兴趣。”

这一次以失败告终，可凯瑞却不死心。不告诉师傅，第二天她又去了对方公司，这一次也学会了不介绍方案，直接聊对方感兴趣的话题，试着与对方公司的总经理沟通，这次人家只回复道，你无须跟我套近乎，我们公司对你们的方案也无兴趣。

不死心的凯瑞接着去了第三次、第四次，直到跑到对方公司第十次时，他们总经理很高兴地接待了她，笑着道，准备好，明天签合同。

我一听，嗔怪地道:“你真行，磨了对方那么久，不跟你签，别人也不好意思了。”

她告诉我，对方总经理为什么会选择与她合

作，是看中了凯瑞的恒心，这种不达目的誓不罢休的精神，还有那一颗不怕被拒绝的勇气，如果与之合作，相信一定会带来互赢的结果。

凯瑞说，有的时候，被拒绝多次并不代表没有希望，相反，还是获得机会与信任的绝佳机会。

在凯瑞的眼中，我看到了一种自信的光芒，我看到了一个成功的职业女性特有的魅力。凯瑞的故事还有很多，她选择告诉了我这个故事，起初我不解，后来我明白了真正的用意，她在间接地告诉我，不要害怕被拒绝很多次，总有一次你不会被拒绝。

凯瑞的职业营销生涯中，不管是小单大单，用她的话说：没有一个单没被拒绝过，但每一单都是柳暗花明又一村，总在希望即将破灭后，迎来了光明。

成功人士，随处可见，人类的眼睛永远都只是先看到光鲜的一面，很少会去深入琢磨光鲜的背后有怎样的艰辛。

没有人的成功是随随便便的，他们都会经历艰辛与汗水，也会经历被拒绝与绝望，然而能成功的秘诀是不畏惧前方的困难，不害怕被拒绝的眼光，始终相信自己可以，始终自信地相信总有一天会被认可，会被接受。

第五章

多一份磨砺，多一份强大

■ 努力的人生有一万种可能

时间是最公平的资源，你把时间用在哪里，它就会在哪里结出果实。

生活中，有些人会觉得，为什么有些人总是很幸运，总是受到上天的青睐；而自己却总是被逼得走投无路。于是，就开始抱怨不公平。

特别是每年的大学毕业之际，经常听到有人说，我们毕业之后，就失业了！求了十几年的学，到头来还不能养活自己！人生的路为什么会越走越窄？

当你羡慕别人的选择越来越多，人生的道路越走越宽阔时，你最需要做的就是停止抱怨，为自己的未来努力打拼！

假如你每周读一本书，十年就是五百多本，你就可以学富五车；你每天学十个英语单词，十年就是三万多个单词，你就可以成为英语达人。今天你做的每一点看似平凡的努力都是在为你的未来积累能量，今天你所经历的每一次不开心、挫折，都是在为未来打基础！不要等到老了跑不动了再来抱怨生活不公平！

有些事情看起来很难做到，但其实坚持下来，每一步都走得很踏实，那么结果往往是水到渠成。

我一直认为，在人生的道路上，只要你足够努力，人生的道路就会越来越轻松，越来越宽阔，收获也会越来越多，并最终得到幸福。可是，如果有些人畏惧人生道路上的那些坎坷，并因此而停止前进了，这样他的人生只能越走越艰难，越来越窄。

万事皆有因果，不要再抱怨生活了，生活不欠你什么，反而是你欠了对生活的认真对待和经营。

如果你想要遇到更好的人，你至少要成为一个不错的人；如果你想谋得更好的工作，你至少要有不错的工作能力和经验。不要再嫉妒别人运气好，不要再把目光放在别人身上，与其愤愤不平地比较，不如先让自己做到最好。要知道，不是你运气不好，只是你不够努力而已。

努力，需要持续地付诸行动，一旦中断，幸运也会渐行渐远。生命是一段连续的过程，每个决定都很重要，足以决定以后的走向和终点。

那些成功的人，是因为他们付出足够的努力，才让自己看起来赢得毫不费力，人们看不到他们背后的艰辛和汗水，便认为他们只是足够幸运。

白岩松在演讲时说过："生命中有一个很奇妙的逻辑，如果你真的过好了每一天，明天应该还不错。"努力的人才有一万种可能，努力的人生道路会越走越宽阔！你应该明白，青春不会无限延长，它经不起辜负。只有发奋努力，你的人生才会拥有一个越来越辽阔的未来。

■ 人生苦短，别为小事浪费精力

英国著名作家迪斯雷利这样说过："为小事而生

气的人，生命是短促的。”

在生活中，很多人常常因为一些微不足道的小事的干扰而失去理智，为一些无聊的琐事而白白浪费了许多宝贵的时光。试问时过境迁，有谁还会对这些琐事感兴趣呢？

为小事生气是无能的表现，别人会说，这点儿小事都解决不了，还能做出什么大事呢？你经常为小事生气，在别人眼中就是没有气量、没有胸怀的表现。你在别人眼中就是一个斤斤计较的人，谁会喜欢一个小肚鸡肠、斤斤计较的人呢？

一个优秀的人，不会将目光只放到眼前的一草一木上，他们更不会计较眼前的一点点得失。他们有一个宽广的胸怀，能包容，能谅解，不计较。

在我们的日常生活中，因气致病、因气而亡的事例也可以说比比皆是了。从某种意义上来讲，为小事生气，对人可以说是有百害而无一利。

人生短暂，浪费时间就等于是慢性自杀。而去为一些琐碎的小事生气，因此浪费你自己的青春就更可惜了。所以说，如果想让自己的人生完美一点，除要使自己优秀之外，还要心胸开阔，目光长远一些，不要为一点点小事生气。

■ 越磨砺，越成长

在生活中我们会经常遭遇人生的逆境，但面对逆境和挫折如何反应却是我们自己的选择。一位成功人士在谈到自己的成功历程时，曾很有感慨地说："成功者和失败者非常重要的一个区别就是，失败者总是把挫折当成失败，从而使每次挫折都能够深深打击他争取胜利的勇气；成功者则是从不言败，越磨砺，越强大。"

美国作家布拉德·莱姆在《炫耀》杂志上撰文写道："问题不是生活中你遭遇了什么，而是你如何对待它。"成功者从不在挫折和失败面前逃遁、沉沦，而是在挫折和失败中崛起、抗争，在挫折和失败中自强不息。

“我的一生都献给了非洲人民的这场斗争。我为推翻白人统治而战，也为推翻黑人统治而战。我崇尚民主和自由的社会，在这样的社会里，所有人都和谐相处，都拥有平等的机会。这是我为之奋斗，并且希望能够实现的理想。但如果有必要，这也是我准备为之牺牲的理想。”

这是曼德拉的宣言。1962 年，四十三岁的曼德拉被捕入狱，南非政府以“非法出境罪”和“煽动罢工罪”两项罪名判处了他五年监禁，而在他服刑两年后，他又在著名的“里沃尼亚”审判中，被南非政府以“企图暴力推翻政府”等四项罪名判处终身监禁，也正是在这次审判中，曼德拉发表了如上鼓舞所有南非黑人的“斗争宣言”。

曼德拉的梦想也许对我们而言很简单，民主和自由，身处一个开放的社会就可以了，但对曼德拉而言，要实现它，却是一个漫长而曲折的过程。为此，他甚至放弃了成为酋长继承人的资格，

“绝不愿意以酋长的身份去统治一个受压迫的民族”。哪怕被处以终身监禁，哪怕在铁窗里苦待了27 年。

曼德拉是一个值得尊敬的人，不仅在于他的成就，同样在于他对人生磨难的态度。

维克托·韦斯特监狱，曼德拉生命里在我们看来最“黑暗”的地方，没有让他失去理智和放弃希望，没有改变他对梦想的坚定，更没有改变他乐观、幽默、平和、宽容、坚定的高贵品质。他在坚韧中等待梦想实现的那一刻的到来，他也做好为这个梦想献出自己生命的准备。

曼德拉在自传中这样写道:“即使是在监狱那些最冷酷无情的日子，我也会从狱警身上看到若隐若现的人性，可能仅仅是一秒钟，但它却足以使我恢复信心并坚持下去。”

曼德拉所遭受的一切都是为实现理想而付出的代价，而他其实早知道自己会这样，但他依旧选择这样做，正是对理想的不懈坚持，曼德拉迎来了胜利的曙光。如此，曼德拉传奇的一生才会变得无比绚烂。

困难和挫折对我们来说是一种危机，也是一种挑战。

马斯洛曾说过:“一个人面临危机的时候，如果你把握住这个机会，你就成长;如果你放过了这个机会，你就退化。”

所以说，越磨砺，越成长，面对挫折，别像温室内的花朵一样害怕风雨，而应该狠下心来，让自己栉风沐雨，在暴风雨中变得更强大。

■ 年轻就要舍得让自己吃苦

很多刚毕业的年轻人，最大的通病就是吃不了苦。他们总是对目前从事的工作不满意，频繁跳槽;一遇到困难，就想放弃。总以为自己有了高学历，有了丰富的理论知识，就等于具备了获取成功的一切因素，也就不用再吃苦了，殊不知，这是一种误解，学历、理论知识并不代表能力。结果，舍不得吃苦，让自己成了人生中的逃兵。

很多事情都是先苦后甜，民间有一个习俗，给新生儿先喂以大黄，然后喂以甘草汁，之后才可以正常喂食。大黄略带苦味，甘草微甜，如此“先苦后甜”，包含着丰富的人生哲理。那就是做人做事要先吃苦，然后才吃到甜。也正是这样，才能品味到甜的来之不易。

正所谓“天将降大任于斯人也，必先苦其心志，劳其筋骨，饿其体肤，空乏其身，行拂乱其所为，所以动心忍性，增益其所不能”。凡是成就大事者皆有过人之处。

看看那些取得耀眼成绩的企业家们，哪个不具备吃苦的精神呢?

吃得苦中苦，方为人上人。如果你不能狠下心，让自己吃苦，就积累不了足够多的经验。“纸上谈兵”是很难成功的。所以对于很多刚进入社会的年轻人来说唯有吃苦耐劳、以勤补拙，才能让自己真正走向成功。吃苦，也是一种资本。没有经历饥肠辘辘的痛楚，你便不知道一粒米的珍贵；不曾尝过无依无靠的滋味，听不到冷嘲热讽的话语，看不到不屑一顾的冰脸，你就无法塑造坚强刚毅的性格。苦，可以折磨人，也可以锻炼人；蜜，可以养人，也可以害人。

一个人如果身体上不怕劳累，心理上不怕折磨，事业中不怕起伏，奋斗中不怕艰险，那还有什么理由不成功呢？“苦尽甘来”说的就是其中的道理。西方有句话说得好：“上帝爱你，才叫你吃苦。”

在生活中，在事业上，在人生的旅途中，大凡成功者，谁不是先吃“苦”，然后才会获得“甜”的？所以能吃“苦”就是一种资本，一种保证今后能够得到甜的资本。

■ 把事情做到极致，你就赢了

曾经在知乎上看到过一句话：在同质化严重的今天，你要做到的是有鲜明的个人标签，所以需要选择一个点，做到最深，最专业，所以做到极致更重要。

现在社会很多人都在宣称自己多才多艺，真的要让他把自己所有才华都展示出来的时候，却发现自己没有一项可以拿得出手。

不管别人说什么，他好像都懂，不管别人做什么，他好像都会，可是真要让他展示自己的时候，却犯了怂，或者说出来的话，做出来的事情无法让别人心悦诚服。

他看似才多艺广，其实只是半瓶醋。他说的别人都知道，他会的也只是略懂皮毛，而别人要的却是专业与精深。

不管做什么事情，要做就尽自己的最大努力做到极致。如果不能成为山顶的一棵劲松，那就做一丛最好的小树成长在山谷中，一样沉浸于欢乐，一样接受风雨考验。如果不能做太阳，就做一颗明亮的星星，黑暗里，发出一丝光亮，为迷路者找到回家的路。不管你做什么，失败了再重新站起来，因为，要做就做到极致，做到最好！

世界首位女性打击乐独奏家伊芙琳·格兰妮说：“从一开始我就决定：一定要成为一名著名的音乐家。”她生活在苏格兰东北部的一个农场，从八岁时她就开始学习钢琴。随着年龄的增长，她对音乐的热情与日俱增。但不幸的是，她的听力却在渐渐下降，医生们断定是由于难以康复的神经损伤造成的，而且断定到十二岁，她将彻底耳聋。然而她并未放弃音乐学习，她将注意力转移向打击乐器，并通过自己的身体去感受声音。

为了演奏，她学会了用不同的方法“聆听”其他人演奏的音乐。她只穿着长袜演奏，这样她就能通过她的身体和想象感觉到每个音符的震动，她几乎用她所有的感官来感受着她的整个声音世界。她决心成为一名音乐家，而不是一名耳聋的音乐家，于是她向伦敦著名的皇家音乐学院提出了申请。

因为以前从来没有一个耳聋的学生提出过申请，所以一些老师反对接收她入学。但是她的演奏征服了所有的老师，她顺利地入了学，并在毕业时荣获了学院的最高荣誉奖。

从那以后，她就致力于成为第一位专职的打击乐独奏家，并且为打击乐独奏谱写和改编了很多乐章，因为那时几乎没有专为打击乐而谱写的乐谱。

至今，她作为独奏家已经有十几年的时间了，因为她很早就下了决心，一定要成为一名著名的音乐家。

因此，不管在现实生活中你从事的是什么职业，不论你有什么技能，你都应该争取在这一领域做最出色的那个。因为它能够让每一位努力成就自我的人，在未来的大路上开创出自己的天地。

一切伟大的事情往往就孕育在简单之中。所以，只要我们善于把简单的事情做到极致，成功永远都会在我们的面前向我们微笑。

第六章

先改变自己，再改变世界

■ 人生从来没有太晚的开始

在著名主持人——敬一丹的一篇专访报道中，看到一句让人感慨颇深的话。

从北京广播学院毕业后，敬一丹回到了自己的家乡黑龙江，在黑龙江省人民广播电台工作。因为经历过“上山下乡”的知青生活，敬一丹的文化底子薄，于是，她报考了母校的研究生，可惜的是，她连续两次都名落孙山。

当时，敬一丹已经二十九岁了，不想再这样折腾了，但就这样放弃，她又有些不甘。

那段考研的日子里，她一直闷闷不乐。

幸运的是，敬一丹的母亲是个知识女性，看着愁眉不展的女儿，母亲语重心长地对敬一丹说：“人的命运掌握在自己手里，真要想改变自己，什么时候都不晚。”

“什么时候都不晚”，就是这一句话，让敬一丹第三次走上了考场，终于在三十岁的那年成了北广的研究生。

入学不久，敬一丹就结婚了，她的丈夫在清华大学读研究生。虽然有了家，但他们依然住在各自学校的集体宿舍里，一日三餐在食堂里吃饭，和单身生活几乎没有什么区别。

三年的苦日子熬过后，敬一丹留校任教了。在别人眼里，一个女人在大学里当教师，工作既体面又轻松，收入也不错，而且有很多时间可以照顾家庭，很多人都羡慕她，但她对自己的生活状况并不满意。她觉得自己是学新闻的，更应该到一线去做更有挑战性的工作。

三十三岁那年，中央电视台经济部来北广要人，经过面试、笔试和实践考核，敬一丹幸运地被录用了。当时来自亲友们的阻力很大，他们说她是头脑发热，都三十多岁的人了，还瞎折腾什么。

敬一丹想，如果自己听从了他们的意见，也许这辈子就会在北广做一名教师，永远过着波澜不惊的生活，那将是她一辈子的遗憾。

在人生的关键时刻，敬一丹又一次犹豫了，自己真的还有能力面临这次新的人生考验吗？那段时间，敬一丹不断地想起母亲的话："人要想改变自己，什么时候都不晚。"敬一丹最后的决定是，不管怎么样，不能让自己的人生留下遗憾，哪怕失败了，我也无怨无悔。就这样，敬一丹在三十三岁那年走进了中央电视台，成为一名主持人。

从此以后，中国多了一名家喻户晓的知名主持人。

而台湾知名作家、主持人蔡康永在自己的书中写过这样一段话：

十五岁觉得游泳难，放弃游泳，到十八岁遇到一个你喜欢的人约你去游泳，你只好说"我不会"。

十八岁觉得英文难，放弃英文，二十八岁出现一个很棒但要会英文的工作，你只好说“我不会”。

人生前期越嫌麻烦，越懒得学，后来就越可能错过让你动心的人和事，错过新风景。

这段话让我感触颇多。因为我经常遇到那些对自己现在的生活充满抱怨的人，他们口中说得最多的词语就是“如果”。然而，他们并不去行动，不去改变自己，结果只能让自己一再错过机遇。

人想要改变自己，什么时候都不晚，最关键的就是你要有改变的决心。当你下定决心勇于改变自己时，你的人生就会发生翻天覆地的变化。

■ 要想改变世界，就先改变自己

在闻名世界的威斯特敏斯特大教堂地下室的墓碑林中，有一块名扬世界的墓碑。

其实这只是一块很普通的墓碑，粗糙的花岗石质地，造型也很一般，同周围那些质地上乘、做工优良的亨利三世到乔治二世等二十多位英国前国王墓碑，以及牛顿、达尔文、狄更斯等名人的墓碑比较起来，它显得微不足道，不值一提。并且它没有姓名，没有生卒年月，甚至上面连墓主的介绍文字也没有。

但是，就是这样一块无名氏墓碑，却成为名扬全球的著名墓碑。每一个到过威斯特敏斯特大教堂的人，他们可以不去拜谒那些曾经显赫一世的英国前国王们，可以不去拜谒那诸如狄更斯、达尔文的世界名人们，但他们却没有人不来拜谒这一块普通的墓碑，他们都被这块墓碑深深地震撼着，准确地说，他们被这块墓碑上的碑文深深地震撼着。在这块墓碑上，刻着这样的一段话：

当我年轻的时候，我的想象力从没有受到过限制，我梦想改变这个世界。

当我成熟以后，我发现我不能改变这个世界，我将目光缩短了些，决定只改变我的国家。

当我进入暮年后，我发现我不能改变我的国

家，我的最后愿望仅仅是改变一下我的家庭。但是，这也不可能。

当我躺在床上，行将就木时，我突然意识到：如果一开始我仅仅去改变我自己，然后作为一个榜样，我可能改变我的家庭；在家人的帮助和鼓励下，我可能为国家做一些事情。

然后谁知道呢？我甚至可能改变这个世界。

真的，要想撬起世界，它的最佳支点不是地球，不是一个国家、一个民族，也不是别人，而只能是自己的内心。

要想改变世界，你必须从改变你自己开始。你改变了自己的内心，也就改变了你看问题的角度，当你改变看问题的角度时，你就会从山重水复疑无路的绝境中，看到柳暗花明又一村的美丽新世界。

最能说明这个道理的，莫过于下面这个耐人寻味的故事。

很久很久以前，人们都还赤着双脚走路。有一位国王外出经过一个偏远的乡间，乡间的路面崎岖不平，而且有很多碎石头，刺得国王的脚又痛又麻。回到王宫后，他下了一道命令：将国内的所有道路都铺上一层牛皮。他认为这样做，不只是为自己，还可以造福于他的人民，让大家走路时不再受刺痛之苦。

但即使杀尽国内所有的牛，也筹集不到足够的皮革。而所花费的金钱，动用的人力，更不知多少。虽然根本做不到，甚至还相当愚蠢，但因为是国王的命令，大家也只能暗自感叹。

一位聪明的仆人大胆向国王提出建言："国王啊！为什么您要劳师动众，牺牲那么多牛，差遣那么多人，花费那么多金钱呢？您何不割两小片牛皮包住您的脚呢？而且所有的人都可以这样啊！"

国王听了很惊讶，仔细一想，立刻收回成命，采用了仆人的建议。于是，世界上就有了"皮鞋"这种东西。

想改变世界，很难；要改变自己，则较为容易。与其改变全世界，不如先改变自己。当自己改变后，眼中的世界自然也就跟着改变了。

纵观人类历史，在社会上有所建树的人，与其说他们改变了世界，不如说他们改变了自己。正是一个个思考，一个个领悟，然后将这些思考变通并付诸行动，才取得了今天的成就。

有一些事当我们无法解决和处理时，不妨坦然接受现实。因为你知道，世界上的许多事你都无法改变！能够改变的只有你自己！

如果你一直在努力地改变自己，有一天，你会突然发现，世界因你的改变而突然全变了样——这才是大智慧的美丽人生。

时刻在心中记住这句话：“生活是自己创造的。”如果改变不了世界，不要生气，主动改变自己。改变自己的思想与行动吧，你的生活、世界也会不一样。

■ 为别人鼓掌，也是一种修养

为自己鼓掌容易，为别人鼓掌却很困难。试问一下，有多少人学会了为别人的成功鼓掌？

为别人鼓掌，并不代表你就是失败者，更不是吹牛拍马、阿谀奉承，而是对别人的闪光点进行肯定。这非但不会损伤你的自尊，相反还会收获友谊与感激。

俗话说，三十年河东，三十年河西，没有谁一直走运，没有谁永远站在山顶。学会为别人鼓掌，等到自己失意时，才会得到别人的鼓励。所以目光长远的人往往懂得为别人鼓掌，因为这需要一个宽广的胸怀，一种高瞻远瞩的气度，只为眼前利益斤斤计较的人是做不到的。

有一次，美国总统选举结果揭晓，民主党总统候选人克里落选。当天他就打电话给连任的布什总统，诚恳地承认竞选失败，并祝贺布什成功连任。布什也在随后发表的简短演讲中称赞克里是一个“令人钦佩的对手”，并赞誉民主党总统候选人克里在竞选中的出色表现。

这个美好的局面，使原先担心因总统大选出现的选票争端而损害美国形象的分析家们松了一口气，支持克里的说他们没有看错人，布什的支持者也认为克里的表现无可挑剔，说他是输了大选，却赢得了尊敬，克里虽败犹荣，以一个智者的形象很体面地告别大选。

竞选的失败，对于克里而言，悲哀是不言而喻的。但具有远见的克里展现了自己的宽广胸怀和气度，展现了自己的大家风范，同样赢得了别人的尊重，虽败犹荣。

有的人不懂得为别人鼓掌，这样的人目光短浅，气量狭小。对别人的成功冷嘲热讽，愤愤不平，以为这样就能够打击别人，殊不知，最后受伤害的往往是自己。

哥伦布是 15 世纪有名的航海家，他历尽千辛万苦，终于发现了新大陆。

对于他的这个重大发现，人们给予了很高的评价和很多声誉，但也有人对此不以为然，以为这没有什么了不起，话中常吐露出讥讽。一次，朋友在哥伦布家中做客，谈笑中又提起了哥伦布航海的事情，有几个人冷嘲热讽地表示这根本不值一提，这样的事情谁都会做。

哥伦布听了，只是淡淡一笑，并不与大家辩论。

他起身来到厨房，拿出一个鸡蛋对大家说：“谁能把这个鸡蛋竖起来？”大家一拥而上，这个试试，那个试试，结果都失败了。“看我的。”哥伦布轻轻地把鸡蛋的一头敲破，鸡蛋就竖起来了。“你把鸡蛋敲破了，当然能够竖起来呀！”人们不服气地说。“现在你们看到我把鸡蛋敲破了，才知道没有什么了不起。”哥伦布意味深长地说，“可是在这之前，你们怎么谁都没有想到呢？”过往讥讽哥伦布的人，脸一下子变得通红。

为别人鼓掌是胸怀宽广的表现。在我们的成长时期，成功人士的经历往往是我们前进的动力，他们的成功会正确指引我们，在无形之中帮助我们。当我们走向成功时，更要学会为别人鼓掌；为别人鼓掌，也会获得别人的喝彩。

为别人鼓掌的人，往往是一位开朗之人、通达之人，也是受人尊敬和爱戴的人。他们目光长远，光明磊落，懂得为人的真谛，更通晓处事之道。在事业上，他们必然是有所成就的人。因为懂得做人和成功往往是一对孪生姐妹，它们互为作用，相辅相成，当形成一种和谐共振时，最终收到的将是双赢的效果。

为别人鼓掌，何尝不是为自己加油呢？

■ 你的敬业，终将让自己无可替代

在现实生活中，我经常会听到老板说：“公司花费大量财力和物力对员工进行培训，然而等培训完了，他们积累一定的经验后，却不辞而别，一走了之。这些人真是没有良心啊！”就算那些不走的员工，也是整天抱怨公司和老板无法提供良好的工作环境，将责任全部归咎于老板。这种不敬业的态度使公司和员工自己都深受其害。

确实，在当今浮躁的社会，这样的人越来越多，主要原因就是他们还没有一种敬业的精神。通俗来讲，敬业就是敬重自己的工作，把工作当成自己的事，融入生活的方方面面，从内心深处视工作为爱好。具体表现为忠于职守、尽职尽责、一丝不苟、全心全意、善始善终等职业道德。

很多年轻人初入社会，看事情看得不够远，只喜欢对眼前的一点蝇头小利斤斤计较。在他们心中，自己做事都是为了老板，为他人挣钱。他们认为，反正为人家干活，能混就混，公司亏了也不用我去承担，有的人甚至还扯老板的后腿，背地里做些不良的事。稍加细致地想想，这样做对你自己并没什么好处。

看得远的人，会在工作中养成敬业的习惯，表面上看是为了老板，其实是为了自己，因为敬业的人能从工作中学到比别人更多的经验，也比较容易受人尊敬，同样，这种人也极易受到提拔，没有老板不喜欢敬业的员工。

成功学的创始人拿破仑·希尔曾经聘用了一位年轻的小姐当助手，替他拆阅、分类及回复他的大部分私人信件。她的主要工作就是听拿破仑·希尔口述，记录信的内容。

有一天，拿破仑·希尔口述了下面这句格言：记住，你唯一的限制就是你自己脑海中所设立的那个限制。从那天起，她把这句格言深深地刻在了自己的心里，并付诸行动。她开始比一般的速记员提早来到办公室，而且在用完晚餐后又回到办公室，从事不是她分内而且也没有报酬的工作。

她开始研究拿破仑·希尔的写作风格，不等口述，直接把写好的回信送到拿破仑·希尔的办公室来。由于她的用心，这些信回复得跟拿破仑·希尔自己写的一样好，有时甚至更好。

她一直保持着这个习惯，直到拿破仑·希尔的私人秘书辞职为止。当拿破仑·希尔开始找人来补这位男秘书的空缺时，他很自然地想到这位小姐。

实际上，在拿破仑·希尔还未正式给她这项职位之前，她已经主动地接受了这项职位。

这位年轻小姐的办事效率太高了，因此也引起其他人的注意，很多更好的职位对她虚位以待。对这件事拿破仑·希尔实在是束手无策，因为她使自己变得对拿破仑·希尔极有价值，她的价值还不止于她的工作，更在于她的进取心和愉快的精神，她给公司带来了和谐和美好。因此，拿破仑·希尔不能冒失去她这个帮手的风险，不得不多次提高她的薪水，她的佣金已达到她当初来这儿当一名普通速记员的四倍。

敬业精神，是现代人应该具备的职业道德。如果你在工作上敬业，并且把敬业变成一种习惯，你会一辈子从中受益。

养成敬业的习惯，或许不能立即为你带来可观的收益，但可以肯定的是，如果你养成了一种不敬业的习惯，你的成就就相当有限，很可能就此蹉跎一生。

每一个梦想成功的人，不妨让自己从养成敬业的习惯开始，从当下开始。

■ 人际关系变好，薪资越来越高

近些年很流行这样一句话："十几岁比智力，二十几岁比体力，三十几岁拼专业，四十几岁拼良好的人际关系。"

一些目光短浅的人，总是喜欢"临时抱佛脚"，在需要朋友时，才想到去结交朋友，其实，此时已经晚了。

你应该知道，四十岁的人际关系，要从二十岁开始积累，朋友和资金的储蓄一样，都是为了将来做准备，等到"有需要"时才想到应该开始交朋友则为时已晚。

老牌影星寇克·道格拉斯年轻时落魄潦倒，包括许多知名大导演在内，没有人认为他会成为明星。

寇克·道格拉斯是一个热心的人，有一次乘火车，旁边坐着一位女士，漫漫旅途，时间难以打发，于是寇克·道格拉斯便主动地与身边的女士攀谈起来，没想到这一聊就聊出了一个重大机会，从此他的人生开始改变。

没过几天，寇克·道格拉斯被邀请到制片厂报到——原来，这位女士是位知名制片人。寇克·道格拉斯因为结交了这位女制片人，才获得了一个良好的展现表演才能的机会，最终美梦成真。

2004 年中国百富榜上，60% 的企业家最看重的十大财富品质中，“机遇”排在第二位，人际关系越好，机遇相对就越多。

建立自己的人际圈子，对任何人来说都是一件极其重要的事。但是，很多人却往往意识不到。他们常常会感觉太忙，无暇维系自己的朋友圈。也许你是全天下最勤奋的人，但你有没有发现，其实你是在孤军作战。

当然你也有朋友。可是因你常常加班缺席他们的聚会，再面对他们时，彼此都已经忘却了什么是“共同话题”，即使你的内心足够真诚，但多年来，你投身工作的热乎劲儿使得他们对你从欣赏到失望，因为他们从未在你身上获得“朋友最重要”的信息。

很多职场新人会觉得，自己人微言轻，也不能给别人带来实际利益，别人凭什么认识自己呢？还是等自己有一些工作业绩，成为独当一面的“专家”时再拓展朋友圈更方便些。

其实，生活中的每一个人都有着别人不能替代的价值，对他人来讲，就是具有“可交往性”。如果一个人有专长、有业绩，这是一种可以为别人服务的价值；而一个人年轻、有潜质、有干劲，也同样是一种珍贵的价值。

假如年轻时代放弃了对人际的管理，等到自己有朝一日终于成为“专家”，终于做出业绩来，这时会发现，朋友并没有如期而至。更有甚者，这时自己的路越走越窄，成了一个不为人赏识的“专家”。

往往越是青年时代结交下的朋友，越是自己一生的珍贵财富，这也是为什么初中、高中时代的同学情一辈子都难以忘记的原因。二十岁时建立起来的人际关系，与三十岁、四十岁时建立起的人际关系，有着明显的差异。一般来说，二十多岁的年轻人，一般不会太计较名利和得失，更容易真诚地与人交往，也更容易结交下“铁哥们儿”。

如今的社会已经不是一个“单打独斗”的时代，每个人都需要在合作中求生存、求成功。你的人际关系越丰富，你的能量也就越大。

其实，社会就像一张网，我们每个人只不过是其中的一个结，你和越多的结建立了有效的联系，那么你就越能四通八达。否则，你就只是这么一个结，即使这个结再大，也还是孤零零的结，终究于事无补。

中国人最讲究的便是“人和”，人际关系是最为重要的，如果你想在事业上有一番大的作为，就要尽早建立自己的人际关系。

■ 做人谦卑一点好

谦卑是一种智慧，是为人处世的黄金法则，懂得谦卑的人，往往很容易受到人们的尊重，很容易被别人接纳，因而得到珍贵的友情。一个谦卑的人，他不会极尽地表现自己的优越感，只有不谦卑的人才自以为可以对别人飞扬跋扈。殊不知，当你抛弃了谦卑而在别人面前夸夸其谈的时候，你其实是在显示自己的无知和愚蠢。

一天，苏格拉底和弟子们聚在一起聊天。其中有一个弟子的父亲是富翁，这位富翁的儿子趾高气扬地向所有的同学炫耀——他家在雅典附近拥有一望无边的肥沃土地。

当他口若悬河大肆吹嘘的时候，一直在其身旁不动声色的苏格拉底拿出了一张世界地图，然后说：“麻烦你指给我看看，亚细亚在哪里？”

“这一大片全是。”学生指着地图扬扬得意地回答。

“很好！那么，希腊在哪里？”苏格拉底又问。

学生好不容易在地图上将希腊找出来，但和亚细亚相比，的确是太小了。

“雅典在哪儿？”苏格拉底又问。

“雅典，这就更小了，好像是在这儿。”学生指着地图上的一个小点儿说。

最后，苏格拉底看着他说：“现在，请你再指给我看看，你家那块一望无边的肥沃土地在哪里？”

学生急得满头大汗，当然还是找不到。他家那块一望无边的肥沃土地在地图上连个影子也没有。他很尴尬又很觉悟地回答：“对不起，我找不到！”

尺有所短，寸有所长。一个人总有自己不如别人的地方，因此，没有必要时时刻刻摆出一副“老子天下第一”的姿态，那样只会引起别人的反感。

一个骄傲自大的人就像一个装满东西的瓶子，很难再装进别的东西。一个人只有在谦卑的时候，才能听进别人的话，才能让自己有所进步。

周公是历史上著名的政治家，为了尊敬贤能，吃饭时如有客人来访，也要放下手中的筷子，吐出嘴里的饭，恭敬地听他们说话。

孔子是圣人，仍然不厌其烦地向人请教。即使是小孩子，只要他说得对，孔子都认真地听取。孔子的学生告诉他说："老师，有人笑话你那么大的学问，还什么都要问。"孔子不以为然，说道："不懂就问，这难道不应该吗？"只要你怀着一颗谦卑的心，肯低头向他人学习，处处都能学到智慧。

尤其是刚进入社会的年轻人，如果你骄傲自大，没有人会把成功的经验传授给你；如果刚学到一点皮毛就以为自己是行家里手，自以为是，那么你很难达到成功的顶端，很难进入成功人士的行列。

"越饱满的谷穗，头垂得越低"，这是真正懂得了低调处世的意义后表现出来的谦卑的态度。你越谦卑，就越容易得到别人的赞赏；你越谦卑，就越容易得到别人的认同。谦卑，实在是一种妙不可言的智慧。

■ 做人懂分寸，处世知进退

曾经有人说过，人生的智慧不过六个字：懂分寸，知进退。

冒进或是保守，都是不懂分寸，不知进退。人贵有自知之明，审时度势，分寸把握得当，进退有度，才是真正的人生智慧。

俗话说：做菜讲究火候，做人注意分寸。做菜时，如果火候把握不好，很可能将菜炒煳或者炒不熟，而为人处世如果把握不好分寸，就容易得罪人，给自己带来不少的麻烦。

古兵法中也有所谓“一言不慎身败名裂，一语不慎全军覆没”的箴言。

不但从理论上来讲是这样，在现实中更是如此。为人处世把握不好分寸，百无禁忌，口无遮拦，轻则会惹人厌烦，重则会引火烧身。

南朝时，齐高帝萧道成曾与当时的书法家王僧虔一起研习书法。一天，高帝突然问王僧虔:“你和我的字，谁的更好？”王僧虔迟疑了一下，如果说高帝的字比自己的好，是违心之言，有溜须之嫌；如果说高帝的字不如自己的好，又会使高帝的面子上挂不住，弄不好还会为自己的将来带来隐患。王僧虔考虑了一下，巧妙地说:“我的字臣中最好，您的字君中最好。”高帝听后，明白了王僧虔话中之意，哈哈大笑，以后不再提及此事。

王僧虔的巧妙回答，既让他免除了直接回答的尴尬，又不违反自己的原则，使大家能够心领神会，没有因“一言不慎”而伤和气，可谓巧妙至极。

纵观历史，不难发现，那些成功人士之所以能够在人生的道路上顺风顺水，其原因不仅仅在于他们的聪明，也不仅仅在于他们的勤奋，更不在于他们懂得多少方法与手段，而在于他们对人性的洞察，他们懂得什么叫恰如其分，什么叫不偏不倚，什么叫见好就收，一句话，他们善于把握分寸。

做事懂分寸的人，一般都是深谙中庸之道的人，他们在与人说话时，懂得什么话该说，什么话不该说，懂得说话的轻与重、多与少。处世中，他们懂得如何既能够表现自己，又不让人感到反感，总是能够把一个最好的自己呈现在别人面前。在与人交往的时候，他们既能严于律己也能宽以待人，既善于与人相处又不失自我，能够把握与人交往的恰当距离，谁也不得罪，从容地周旋于来来往往之中。

在与人办事的时候，他们因人而异，懂得怎样轻松达到预想的目的，取得办事的实效，给人留下办事能力很强的印象；在处理问题的时候，他们既有原则性又有灵活性，懂得什么事情需要冷处理，什么事情需要热处理，什么时候应该清楚一些，什么时候应该糊涂一些。他们善于把握处理问题的时机，处理问题能够做到手起刀落，药到病除。

他们有着良好的处世心态，能够以高标准处世做人，既厚道又精明，得意时不张狂，失意时不气馁，能够坦然面对人生中的得与失。正因为他们能够把握这些分寸，才能够最终取得成功，或者比别人更接近成功。

总之，任何事都离不开“分寸”二字。人生在世，分寸无处不在、无处不有，人际关系需要把握分寸，成就事业需要把握分寸，推进工作需要把握分寸。人生的成败兴衰，浓淡缓急，无不在把握分寸中见分晓。总之，只有把握好分寸，才能达到做人做事的最高境界。

做人有分寸，还要知进退。很多事情的成与败，都在于能否把握进退之间的“度”。

孔子在《论语》中说：“不得中行而与之，必也狂狷乎！狂者进取，狷者有所不为也。”这里所说的“中行”就是中庸。它是一种不偏不倚、调和折中的态度，它的两端就是“狂”与“狷”。“狂”和“狷”一样有好的地方，也有不好的地方，那就是狂者易过之，狷者易不及。过之则容易冒进，胆大妄为；不及则容易退缩，无所作为。只有审时度势，量力而行，方能做到进退自如，进退自如则可以趋利避害，事业可成。

进退之间，彰显人生智慧。怎样进，怎样退，是一种手段；什么时候该进，什么时候该退，是一种分寸。

做人有分寸，知进退，才能让自己在人生中有所成就。

■ 别再说“我就是这么固执”啦

生活中，不难发现，一个人的认知水平越有限，其想法就越单一，越缺乏判断力，人就会表现得越固执。反倒那些真正厉害的人能认识到所谓的固执并不是独特的个性，某种程度上来说是一种人格缺陷。

很多时候，恰恰是固执阻碍了一个人良好个性的形成，它往往使得你越来越偏激，缺少宽容和智慧，阻碍了你学习、思考以及接受新鲜事物的能力。

俗话说：兼听则明，偏信则暗。如果一个人不能听取别人的建议，一味地由着自己的性子来，固执己见，哪怕错误也要往南墙上撞，这样的人只能掉进自己为自己挖的陷阱中，无法自拔。

三国时期，蜀国街亭为汉中咽喉要地，须派精兵强将驻守。马谡主动请令，诸葛亮再三嘱咐他须靠山近水扎营，并派王平为副将辅助。

马谡刚愎自用，对诸葛亮的嘱咐置之不理，打算在街亭旁边的山上扎营。王平提醒他："丞相在我们临走的时候嘱咐过，要坚守城池，稳扎营垒。在山上太冒险。"马谡没有打仗的经验，自以为熟读兵书，根本不听王平的劝告，坚持要在山上扎营。

司马懿、张郃率领魏军赶到街亭时，看到马谡放弃现成的城池不守，却把人马扎在山上，马上吩咐手下将士在山下筑好营垒，把马谡的军队围困起来。

后来，魏军切断了山上的水源。蜀军在山上没了水源，连饭都做不成，时间一长，自己先乱了阵脚。司马懿、张郃看准时机，发起总攻，蜀军大败，街亭失守。诸葛亮知道街亭失守完全是因为马谡违反了作战部署，按照军法，“挥泪”斩了马谡。

固执己见的马谡听不进王平的劝说，最后一败涂地，为自己的固执付出了沉重的代价。

从马谡的故事中不难看出，固执的人，绝大多数都是一些思想狭隘、看问题片面者。由于思想偏激，观念固执，在大脑皮层形成了一个“惰性兴奋中心”，一旦某种思想深深地扎根在头脑里，任何其他的东西，他都听不进去。

固执的人，绝大多数是自幼养成了随心所欲的不良性格，遇事爱钻牛角尖。固执既不是顽强的表现，也不是自信的象征，它对人际交往是有害无益的。因为你始终觉得自己比对方高明，对别人不屑一顾，在别人面前一副高高在上的姿态，那谁愿意和你交往呢？

放下自己的固有思维，多听取别人的意见，才是聪明的做法。汉高祖刘邦曾问群臣："吾何以得天下？"群臣回答皆不得要领。刘邦遂说："我之所以有今天，得力于三个人——运筹帷幄之中，决胜千里之外，吾不如张良；镇守国家，安抚百姓，不断供给军粮，吾不如萧何；率百万之众，战必胜，攻必取，吾不如韩信。三位皆人杰，吾能用之，此吾所以取天下者也。"刘邦之所以能平定天下，是因为他从不固执己见，非常善于听取别人的意见，最后让自己成就大业。

生活中，总有些人因为固执己见而不愿听取任何人的意见，有的固执于金钱，有的固执于名利，有的固执于陈规，有的固执于幻想，总之，他们听不进别人的劝告，一意孤行，最后走向失败。

所以说，一个人只有善于听取别人的意见，才能走出偏执的误区，成功地解决问题。

当然，一个有主见、有头脑、有思想、不随人俯仰、不与世沉浮的人，无疑具备值得称道的好品质。但是这还要以不固执己见、不偏激执拗为前提。

无论是做人还是处世，头脑里都应当多一些辩证观点。死守一隅，坐井观天，把自己的偏见当成真理至死不悟，是做人与处世的大忌。

■ 适当收起自己的敏感

一个人能否有所成就，心理素质是否过关至关重要。

综观那些成功人士，不难发现，他们的内心都是很强大的。没有一颗强大的内心，如何在风云变幻的人生中成功呢?

一些人之所以无法成功，往往是因为他们的内心太过敏感。敏感虽然不是一种缺点，但如果过于敏感，就难免牢骚满腹，自讨苦吃，觉得所有的人都对不起自己，从而让自己陷入坏情绪的旋涡中无法自拔。

我们生活在这个社会中，难免会评论别人，当然有时候也被别人评论。我觉得，对于别人的品头论足，应该一笑置之，而不是耿耿于怀。敏感并不是最好的处世方法，特别是不分场合、地点的敏感会给生活带来很大的负面影响。

下面是一些敏感的人在谈到自己的不愉快经历时大发牢骚:

——我是个胖子，每当别人说我胖，我就感到自己受到了伤害，心中便升起极度委屈的情绪。比如在商场里，如果售货员用干巴巴的口吻对我说“没有你要的尺码”，我的心情立即就会变得很坏。

——我不能接受别人对我的负面评论。虽然我也走上了工作岗位，给自己披上了一个职业女性的外壳，并且显得果敢而练达，但是在别人对我的工作提出某种批评时，我会花几个小时在那里琢磨好几个缘由，缓不过劲来。

——我生活在情感过于充沛的海洋里，敏感的神经随时都可能被调动起来，因为周围发生的一切都会在我的心里留下深深的痕迹。电视新闻里一个话题沉重的报道会让我没有食欲。有一天，我目睹了一场车祸，我用了好几个月才缓过来。

——朋友说了在我看来很难接受的话，我就会耿耿于怀，心里不舒服。他们的言语越是在我心里挥之不去，我就越感到无法释怀。如果我感到身边的朋友欺骗了我，那情况就更糟了，我会一连好几个星期躲在家里医治心灵的创伤。其实我知道，应该从自我的沉默中走出来，重新与朋友交流，否则很快我就不会再有朋友可以去一起逛街或下馆子了。

——在办公室里，我特别爱哭，比如老板的话说得严厉了一些，我就忍不住眼泪涌出来。为了不让我脆弱的神经再受刺激，我提出只做一些整理文件的简单工作。这样一来，看着一个个好机会从我身边溜走，我又开始怀疑起自己当初的决定。

——我们单位的人际关系太复杂了，张三对我有成见，李四说我的坏话，王五看我不顺眼……每天有生不完的气，烦死人了。

这些都是敏感惹的祸，有些人在为人处世上过分敏感，使人际关系出现不应有的复杂化，这在现实生活中的确是存在的。

心理学研究发现，有些人天生就有一种敏感的个性。比如：别人不高兴，他就以为是对他不满；人们在说悄悄话，他就感觉一定是在说他的坏话；对方的一声咳嗽，他就怀疑是对他的不敬；有人见到他点头微笑，他感到是别有含义；有时本来是互相开玩笑的话，这些人也会当成真事，反复琢磨半天，心情久久不能平静下来。

鸡毛蒜皮的小事会让这些过分敏感的人想入非

非，作出错误的判断，他们对恩恩怨怨最斤斤计较，总以想当然的眼光去观察世界，并自以为是，结果总有难以排解的心绪，更有甚者发展为心理上的病态。

过分敏感的人，会在生活中处处设防、时时疑心、多愁善感；会活得很累，既要对付那些夸大了的矛盾，又要抚慰自己无中生有的痛苦，可谓劳心伤神。在与人交往的过程中，由于处处设防，便会让人对他敬而远之，朋友就会越来越少，人际交往就会变得不和谐。

专家认为，过于敏感的人往往是内心某方面比较自卑的人，每当别人碰到了自己的短处，难免会大发雷霆。

由于每个人的修养、个性、阅历不尽相同，其为人处世、表达情感的方式也会有不同，即便是别人对待自己的方式有欠妥当，我们也当以宽容之心待之，没有必要过于敏感。处处以别人的脸色为自己行动的“指南针”，让别人的情绪影响自己的情绪甚至支配自己的言行，这都大可不必。

我们在生活中，要适当收起自己的敏感，遇事乐观一些，大度一些。要重大节，不必过分拘泥于小节。这样，才能保持一个积极的好心情。

第七章

那些打不倒你的，只会让你更加强大

■ 你吃的苦，都是你去看世界的路

在第三届中国电影新力量论坛会上，青年演员鹿晗表达了自己的观点。鹿晗觉得拍戏所谓的“苦”都是经历、历练，既然“选择了这份工作，就要去接受这份工作的全部，去感受人物角色的经历，这才是这份工作最宝贵的”。他也激励自己，作为年轻人“就要敢经历敢吃苦敢拼搏”。

青年作家苏心也写过这样的话：那些你吃过的苦，熬过的夜，做过的题，背过的单词，都会铺成一条宽阔的路，带你走到你想去的地方。

没有一帆风顺的人生，我们每个人都注定要跋涉沟沟坎坎，品尝苦涩与无奈，经历挫折与失意。学会吃苦，是人生必须经历的一课。在漫长的人生旅途中，吃苦并不可怕，受挫折也无须忧伤。只要心中的信念没有枯萎，你的人生旅途就不会中断。

冯仑说，伟大都是熬出来的。为什么用熬？因为普通人承受不了的委屈你要承受，普通人需要别人安慰鼓励，但你没有；普通人以消极指责来发泄情绪，但你必须看到爱和光，在任何事情上学会自我解嘲；普通人需要一副肩膀在脆弱的时候靠一靠，而你就是别人依靠的肩膀。

但是，我向你们保证，人这一辈子的幸福与苦难，绝对都在你的承受范围以内。生活比你还要了解你自己，它可狡猾了，它给你的苦涩，永远让你失望而又不至于绝望；而给你的甜蜜，永远让你浅尝辄止而充满念想。

人在二十多岁的时候，总是愿意相信一句话：生活在别处。你很轻易地放弃一份工作，很轻易地放手一段爱情，很轻易地舍弃一个朋友，都是因为这种相信。

可惜总是要过很久之后才能明白，这世上并不存在传说中的“别处”。你所拥有的，不过是你手上的这些。而你兜兜转转最终得到的，也不过是你在第一个站错过的。

所以我想说：好好工作吧。工作是一切自由幻觉中最接近现实的一种。更重要的是，工作能帮助一个人学会怎样爱自己，然后你才能好好地爱这个世界，爱别人，以及被爱。

或许你说自己一无所有，或许你会羡慕上司的房子车子，学长们的七位数年薪。这些其实你不用羡慕，只要努力，这些所有的一切，岁月都会带给你。

而你的年轻岁月，却是他们再也无法拥有的。所以，你没有必要因为你的衣服不如别人，包不是名牌，或者存款还不到五位数而觉得不安。因为我们每一个人都是这样过来的。

一个不会游泳的人，老换游泳池是不能解决问题的；一个不会做事的人，老换工作也无法提高自己做事的能力。

你自己才是一切的根源，要想改变一切，首先要改变自己！

你要懂得，不是每一次跌倒都有人扶着你站起来，通往美好之路并不容易，一味地放任，只会令我们脆弱得不堪一击。

没有经历痛苦洗礼的飞蛾，脆弱不堪。人生没有痛苦，就会不堪一击。正是因为有失败，所以成功才那么美丽动人；因为有灾患，所以幸福才那么令人喜悦；因为有饥饿，所有佳肴才让人觉得那么甜美。正是因为有痛苦的存在，才能激发我们向上的力量，使我们的意志更加坚强。瓜熟才能蒂落，水到才能渠成。和飞蛾一样，人的成长必须经历痛苦挣扎，直到双翅强壮后，才能振翅高飞。

面对生活的那份淡定需要慢慢积累，坚强乐观的生活态度也不是与生俱来的，更需要独自承担。

因此，不要幻想生活总是那么圆满，生活的四季不可能只有春天。

年轻的时候输得起，更不怕吃苦，重要的是自己不放弃自己，踏踏实实地去改变，去努力。你会发现，你现在吃的每一份苦，都是将来你去看世界的路。

■ 你不认输，就没有人能打败你

台湾作家林清玄的散文《桃花心木》中有这样一句话：

“不只是树，人也是一样，在不确定中生活的人，能比较经得起生活的考验，会锻炼出一颗独立自主的心。在不确定中，就能学会把很少的养分转化为巨大的能量，努力生长。”

那些桃花心木之所以能够活下来，就是因为它们能够在不确定中努力找水源，拼命扎根，从而使自己变得茁壮，变得坚强。

巴尔扎克说：“挫折就像一块石头，让你却步不前，你软它就硬，对于强者却是垫脚石，使你站得更高。”再好的人生也不可能永远顺风顺水，也会有各种各样的不如意甚至困境需要我们面对。只要坚持不懈地努力做生活的强者，那么，那些打不倒你的，只会让你更加强大。

我认识一个女孩，她是一家保健品代理公司的客户经理。每次与她聊天，她的热情，她的感染力、亲和力，几乎让我无法拒绝她说的每一句话。

于是，我顺理成章地成为她的客户，而且，慢慢地，我们还成了朋友。

后来，在与她的不断接触中，她的工作能力之强常常令我惊讶，更令我惊讶的是，她一路走来所经历的挫折与困境。

她是一个普通的农村女孩，2005 年高中毕业后，她漫无目的地来到北京，开始了起伏不定的北漂生活。为了租到一间便宜的地下室，她跑了好几个地方比较价格；为了找到一份工作，她也费尽力气，终于，她被北京一家保健品公司聘用做推销员，刚开始的每月底薪只有八百元。

虽然八百元很少，但总算是一个开始。她下决心要好好工作，争取早日闯出一条路。然而，现实远比她想象中困难得多。

起初，为了推销产品，她频频给客户打电话，很卖力地描述产品的优越性。但是，因为普通话说得不标准，口才也不好，虽然她费尽口舌，推销效果却很不理想。一个月下来，她连一个单子也没签到。曾经她都要放弃这份工作了，但倔强的性格又让她不愿轻易认输。别人能做到的，自己也一定能做到！她在心里鼓励自己，不要轻易放弃。

偶然一次机会，一个阿姨打电话来，说自己在报纸上看到了广告，想咨询一下具体情况。女孩在电话里费力地向那位阿姨解释了半天，对方却怎么也听不懂。那时，她急得都快掉眼泪了。当时，她的电话旁边正好放着一沓空白的稿纸，情急之下，她灵光一现，对那位阿姨说："阿姨！这样吧，我给您写一封信吧，在信里，我一定详细地为您介绍我们公司的产品！"

放下电话，她立刻拿起笔来，把保健品的疗效和营养价值工工整整、认认真真地抄写在稿纸上，足足抄了三大页，累得手都酸了。

她的行为惹来同事们的一阵嘲笑，纷纷说她太傻了。因为公司有现成的产品宣传彩页，电脑里也有资料，而她采用写信的方式实在太笨了！她没理会同事们的嘲笑，仔细粘贴好信封，第一时间寄出去。

不久，阿姨又打来一个电话，说希望可以先试用产品，然后再决定是否购买。

这下，她有点犯难了，公司的规定，从来都是先付款，后发货。犹豫了半天，她又做出一个更令人不可思议的决定：自己掏钱买下一份价值五百元的产品，邮寄给顾客试用。

要知道，这五百元几乎是她所有的钱了！她知道这样等于把自己逼上了绝境，但她又不想轻易放弃一次可能成功的销售机会。

产品寄出去的时候，她还在产品包装盒内附了一封信，信里详细注明了保健品的使用方法、注意事项，还用彩笔画了出来。在信的最后，她祝阿姨身体健康，并且温馨提示，因为公司规定提货必须先付款，所以这份产品的货款是自己花钱先行垫付的，如果对使用效果感到满意，请在方便时给她汇款五百元。

最终，这位阿姨成了她的老顾客，而且，还帮她介绍了很多亲友。

在后来的工作中，虽然困难重重，但这些困难并没有将这个女孩打垮，她面对任何困难都会想方设法解决。因此，她变得更加强大……三年以后的今天，她成了公司唯一一位只有高中文凭的销售主管。

大千世界，变幻无常，万事称心如意是不可能的。生活上，谁都会遇到困难和挫折，就看你能不能战胜它，战胜了，你就是英雄，就是生活的强者。某种意义上来说，挫折是锻炼意志、增强能力的好机会。

生活中，不可能只有喜悦没有疼痛，尤其是在年轻时，青涩的我们总会遭遇各种的问题，体会各种苦辣酸甜，有时候我们会觉得这个世界糟透了，恨不得一切就此消失；而其实，这只不过是命运给予我们的一些刁难，没人能够幸免。

你不认输，就没有人能打败你！那么，就让挫折成为我们生活的调剂吧，相信挫折过后我们会变得更美丽，更有活力，更有信心地迎接美好的日子。

■ 别让失控的情绪给人生留下遗憾

人不会没有情绪，就如同人不会没有影子一样。但是情绪伴随人，并不是像影子那样默默地跟着，情绪会影响一个人的精神状态。情绪积极时，行为也积极；情绪消极时，行为也跟着消极。

甚至，如果你控制不好自己的情绪，它就会让你的行为变得异常，让你的行为失控。例如，最有耐心的教师，在遇到特别不顺心的事情时，可能会变得烦躁，对学生不耐烦。一个本来爱说爱笑、善于交际的人，如果被巨大的悲痛、忧伤所压抑，也会变得郁郁寡欢，性情孤僻。至于冷漠、嫉妒、自大、自卑等不良情绪，都会影响人们的正常交往，让你的人生失控。而一旦你学会了控制的自己的情绪，就能给自己带来很多积极的影响。

在一次美国大学生的橄榄球赛上，夏威夷大学队与怀俄明大学队对抗。到中场时，夏威夷大学队惨败，比分为0∶22，几乎溃不成军。夏威夷大学队球员进入休息室后很是沮丧。

夏威夷大学队的教练狄克·屠迈看着队员们垂头丧气的样子，心想，除非调整他们颓丧的情绪，否则，照这样的情形打下去，很可能失败。因为如果所有队员全都泄气了，又怎么可能赢得比赛呢？

这时，屠迈教练拿出一张海报，上面贴满了多年来他搜集的剪报文章，每一篇都是从落后到扭转败局、最后赢得胜利的故事。球员们看过这些报道后，屠迈教练决定一点一滴地帮助他们重建信心——相信必能扭转颓丧的情绪，焕发他们的斗志。

下半场，夏威夷大学队的队员不再沮丧，而是个个犹如猛虎下山，掌握了进攻的主动权，让怀俄明大学队一分未得，终场以 27 ∶ 22 获胜。

夏威夷大学队获胜的根本原因是队员在屠迈教练的帮助下，调整了自己的情绪，由原来的沮丧变成高昂，由垂头丧气变成信心百倍，从而一举扭转了败局。

我们生活在这个瞬息万变的社会中，我们的情绪也如同变化万千的气候，也是在不停变化的。当你的情绪处于进取的状态时，自信、快乐、兴奋让你的能力源源不断地涌进，当你的情绪处于低落期时，沮丧、恐惧、悲伤、烦躁使你浑身无力。

生活中有很多因为控制不好自己的情绪而留下人生遗憾的人：他们有的是因为工作中的稍微不如意而与上级顶撞丢掉饭碗，有的是因为没有办法控制自己失恋引发的消沉情绪而自甘堕落，还有的是因为情绪变化无常而受到同事冷遇。

负面情绪的引发原因和表现形式多种多样，但是归根结底都是因为无法良好地控制情绪而使得自己受到很大的伤害和损失。

情绪失控已经成为工作和生活中的隐形杀手。

现实中，很少有人能有意识地主动控制自己的情绪。大部分人都是让情绪控制自己。如果一个人能随意地进入生龙活虎的状态——乐观、自信、兴奋、充满活力，那该多好啊！这样，你控制了自己的情绪，也就控制了局势，就能把握自己的人生。

一天，美国前陆军部长斯坦顿到林肯那里，气呼呼地说，一位少将用侮辱的话指责他偏袒一些人。林肯建议斯坦顿写一封内容尖刻的信回敬那家伙。斯坦顿立刻写了一封措辞强烈的信，然后拿给总统看。

林肯高声叫好："对了，对了，要的就是这样，好好训他一顿，真写绝了，斯坦顿。"

但是，当斯坦顿把信叠好装进信封里时，林肯却叫住他，问道:“你干什么？”

斯坦顿有些摸不着头脑了，说:“寄出去呀。”

林肯大声说:“不要胡闹了！这封信不能发，快把它扔到炉子里去。凡是生气时写的信，我都是这么处理的。写这封信的时候你已经解了气，现在感觉好多了吧？那么，就请你把它烧掉，再写第二封信吧。”

这是林肯教育下属如何管理自己情绪的故事，情绪的存在是正常的，我这里说的控制并不是讲我们要一味地压抑我们的真实情绪，因为单纯的压制会引起负面因素的积累，一旦爆发后果更不堪设想。而应该像林肯那样对它进行有效的管理，可以采取不伤害别人的办法来疏导情绪。

每个人对自己情绪的操控能力或许不同，但是，如果我们平时加以训练，良好的情绪控制能力是可以慢慢培养和形成的。

英国伟大的政治家约翰·米尔顿说:“一个人如

果能够控制自己的激情、欲望和恐惧，那他就胜过国王。”

因此，只有能控制自己情绪的人，才能把握自己的未来。

■ 努力把生命的逆境过成顺境

生活中，总有些人喜欢将自己的人生不幸归结为外界的原因。

要么埋怨命运，怨自己时运不济，命途多舛；要么抱怨生活不公，自己天生没得到一副好牌——没有显赫的家庭背景，没有超常的智力，没有靓丽的外表；要么感叹造化弄人，让自己遇人不淑，以致历尽坎坷，使得自己的人生一败涂地。总之，他们觉得整个世界都亏待了自己。

其实，一个人没有必要怨天尤人，更不应感叹命运不公。纵使你天生就拿到一副好牌，这也不能保证你人生的棋局会步步顺畅，也未必能保证你在生活的博弈中就稳操胜券。好的人生棋局，要靠自己步步为营，努力去争取，幸福的生活，更要靠自己用心去经营。

有一位女士，身材瘦小，相貌平平，家世普通，但她却将自己的人生布局得精彩纷呈，将自己的生活经营得幸福美满。女儿孝顺懂事，乐观上进；老公相貌堂堂，事业有成，对她更是尊重疼爱有加。

像她老公这样成功有型的男人在外面打拼，身边自是美女如云，向他抛媚眼献殷勤的更不在少数，对他动心动情的也不乏其人。更有铁哥们劝他想开点，要懂得享受生活，不要总是守着家里的黄脸婆。身处复杂的环境，面对形形色色的诱惑，他始终坚守自己的原则，这么多年来他不曾越雷池一步，始终把她当作手心里的宝。

朋友曾打趣该女士说："你老公这么出色，小心被外面的狐狸精勾引走了。"该女士却自信满满地说:“我虽其貌不扬，但好歹也进得厨房，出得厅堂，品得书香，能写文章，上孝敬高堂，下能教好儿郎，他还能怎样？！”

确实，事实正如该女士所言，她既是一位贤妻良母，又是一个心地善良、勤劳肯干、乐观向上、懂得经营生活的人。平日里她在经营好小家、在相夫教子上下足了功夫，更注重打造自身，提升自己的内涵修养。

以她家里的经济条件，她完全可以过着悠闲的阔太太生活，但她却还是凭一己之力，经营起一家服装店，且生意做得红红火火。许多人都不解地说:“你老公那么能干，你家条件那么好，你何苦那么辛苦？”她说:“作为一个女人要有自己的目标和追求，切不可身处优越的环境中而丧失了自我，忘记发掘自身的价值。”

她在追求经济和人格独立的同时，更注重内外兼修。平时空闲时间除了看书，就是写作，偶尔在报纸杂志上也发表小文章。时刻不忘汲取知识的营养，时刻不忘提升自己内在的素养。在这样一个人心浮躁的时代，许多人沉溺于吃喝玩乐享受，热衷于追逐人世的浮华，又有多少人能沉下心认真向学，静心思考？而她全然不顾尘世的纷纷扰扰，怡然沉浸于知识海洋。

当然，在注重修心养性的同时，她也非常注重外在形象，时尚得体的装扮，优雅的举止，彬彬有礼的待人接物，更提升了她的个人形象。

她在经营好自己的小家、经营好自身的同时，更不忘经营好大家。她对自己父母长辈自是无话可说，对她老公的家人更是无可挑剔。婆家在农村，逢年过节看望老人自不必说，平日总是抽出时间对老人嘘寒问暖，老人小灾小病的，带着看病，不辞辛劳地照顾。老公的兄弟姐妹有困难，她总是义不容辞尽力帮忙。亲戚朋友对她是赞不绝口，邻里左右更是对她刮目相看。

她的热情上进，她的知书达理，她的宽容豁达，她的温良贤惠，怎能不让老公感怀在心？纵使外面的女人貌美如花，柔情似水，在他眼里也不过如此而已，怎敌贤妻的知冷知暖，贴心贴肺？家中无后顾之忧，他得以安心在外打拼，事业更是蒸蒸日上；家有贤内助帮衬，这让他事业发展是如虎添翼。自然地，他们小家的幸福生活是芝麻开花节节高。

其实，用世俗的观点来看，我这位女友没有任何先天优势，相貌平平，家世寻常，智力普通，但她却靠勤劳的双手、聪慧灵敏的心灵，经营出自己幸福美满的生活。

实际上，不管现实生活怎样，我们每一个人都不应怨天尤人，不要总觉得这个世界亏欠于你，不要总觉得别人有负于你。生活中，总会有顺境，也会有逆境，当你觉得世界亏待了自己，更应该学会调整自己，让自己变得更优秀。因为你的不顺，正是你成长的时机！

世界不曾亏待任何人，你的幸福与否，其实直握在自己的手中。

■ 走出安全区，人生要敢于冒险

一个人若想成就一番事业，或取得卓越的成功，就必须克服胆怯和懦弱，走出自己的安全区，敢于冒险。有人说："人生最大的价值就在于冒险，整个生命就是一场冒险，走得最远的人常是愿意去冒险的人。"事实上，冒险不止是一种勇气和魄力，其最重要的意义在于，无论最终的结果是成功还是失败，你从没停止奋斗和拼搏，这种精神是弥足珍贵的。

在非洲的塞伦盖蒂草原上，每年夏天都会有上百万只角马从干旱的塞伦盖蒂北上迁徙到马塞马拉的湿地。在艰辛的长途跋涉中，格鲁美地河是唯一的水源。

然而，格鲁美地河对角马群来说既是生命的希望，又是死亡的象征。因为角马必须靠喝河水维持生命，但是河水还滋养着其他生命，例如灌木、大树和两岸的青草，而灌木丛还是猛兽藏身的理想场所。冒着炎炎烈日，焦渴的角马群终于来到了河边，狮子会突然从河边冲出，将角马扑杀在地；在河流缓慢的地方，又有许多鳄鱼藏在水下，虎视眈眈地等待着角马的到来。

碍于对风险的恐惧，很多角马在离水不远的地方止步不前，虽然它们很长时间没有饮水了，但它们只能继续忍受干渴，最后渴死在迁徙的路途上；有的角马不惧风险，它们抱着喝不到水誓不罢休的赌徒心理，勇敢地来到水边，痛快地饮水，结果，它们成功了。

你要想活得精彩、出人头地，就一定要有敢于冒险的精神。按部就班、四平八稳的生活，只能让你在原地踏步，虚度光阴。

有的人总担心失败，他们会找出很多理由让自己避免去冒险。然而，他们却忘记了一句话："世界上最大的冒险，就是没有任何冒险。"没有任何冒险的人就什么也做不了，结果他们什么也没有，一事无成，一辈子除了羡慕，就是后悔。

与其让自己羡慕、后悔，为什么不放手一搏呢？

被誉为“冰上美人”的美籍华裔女单选手关颖珊在参加 2000 年世界花样滑冰比赛时，一心想夺取冠军。然而，在最后一场比赛前，她的总积分仅排名第三位，在最后的自选曲项目上，关颖珊大胆地选择了突破，而不是少出错。在四分钟的比赛中，关颖珊结合了最高难度的三周跳，并且还大胆地连跳两次。这样做是一把双刃剑，一旦失败，其结果将很难看；一旦成功，她将力挽狂澜，反败为胜。她认为，输十分是输，输一百分还是输，但如果认输，就注定是输，如果不认输，反而有可能反败为胜，尽管这种可能只有百分之一，但她没有放弃。最后，她成功了！

毫无疑问，这是次成功的冒险。

面对记者的镜头，关颖珊深有感触地说：“因为我不想等到失败后，才后悔自己还有潜力没有发挥。”

在激烈竞争的社会里，一个人要想在竞争中脱颖而出，就必须要有敢于冒险的心理！因为竞争的环境往往充斥着各种各样的可能性，每个人都不可能百分百地保证自己能成功。

成功的人往往喜欢冒险，也许，第一次冒险的时候，他们心里也没有底，但有了第一次后，他们就不再认为冒险是什么大不了的事，在他们看来，风险不过就是一座险滩，渡过了这座险滩，一切就会风平浪静。

总之，要有敢于冒险的进取精神，敢于走出安全区，要勇于打破常规，才能更好地把握住成功的机会。正如洛克菲勒对自己的孩子们说的那样：“你正朝着赢得一场伟大人生前进，这是你一直以来的目标，你需要勇敢，再勇敢。”

■ 心态好的人，运气也很好

生活中，为什么有些人就是比其他人更成功，赚更多的钱，事业飞黄腾达。而有的人忙忙碌碌地劳作却只能维持生计，甚至穷困潦倒呢？

其实，人与人之间并没有多大的区别。之所以会有如此截然不同的结果，秘密就是——心态。著名文学巨匠狄更斯说过："拥有好心态，比拥有一百种智慧都更有力量。"这句让世人耳熟能详的至理名言阐释了一个真理：有什么样的心态，就有什么样的人生。

积极的心态，就是心灵的健康和营养，这样的心灵能吸引财富、成功、快乐和健康。消极的心态，却是心灵的恶疾和垃圾，这样的心灵，不仅排斥财富、成功、快乐和健康，甚至会夺走生活中已有的一切。

总之，一句话，要想在社会中立足，出人头

地。就必须让自己有一个好心态。因为影响我们人生的绝不仅仅是环境，心态控制了个人的行动和思想。同时，心态也决定了视野、事业和成就。

拿破仑·希尔认为：成功人士的首要标志，在于他的心态。一个人如果心态积极，乐观地面对人生，乐观地接受挑战和应付麻烦事，那他就成功了一半。

立足社会，必须有一个好的心态，好心态能让一个人充满自信、受人喜欢、知足常乐、倍感幸福，更重要的是它还能让人改变自我、改变世界。这并不是什么夸大其词，也不是什么异想天开，因为在人的本性中，始终有这样一种倾向，当我们把自己想象成什么样子，最后往往会变成那个样子。心有多大，舞台就有多大。

亚伯拉罕·林肯曾经说过：“我一直认为，如果一个人决心获得某种幸福，那么他就能得到这种幸福。”人与人之间原来只有微小的差异，但这种微小的差异却往往造成巨大的差异，造成这种差异的正是你的心态。

当李白醉吟出“天生我材必有用，千金散尽还复来”时，我们看到的是他那豪放乐观的心态；当刘禹锡吟出“病树前头万木春”时，我们看到的是他不怕挫折、勇往直前的心态。不为五斗米折腰的彭泽县令陶渊明，愤然辞官时，他心中的水，摇晃得厉害。那是一个多想为民做事，为国分忧的有志之士呀！然而在黑暗的官场上，他找不到自己的位置，只得退而隐之。当然，归隐时他的水已然放平，否则“采菊东篱下，悠然见南山”的“悠然”怎么来呢？留给后世的依然是他的气节、他的诗，还有他的超然。

失败是不可怕的，正如海明威的小说《老人与海》中的主人公对地亚哥所说的：“人可以被打倒，但不能被战胜。”失败与悲伤只能使我们痛苦，但并不能摧毁我们的斗志。也许命运不会首肯你的选择，但是只要你拥有良好的心态，你也一定能登上成功的顶峰。

世界潜能大师安东尼·罗宾说，任何成功者都不是天生的，成功的根本原因是开发了人的无穷无尽的潜能。只要你抱着积极的心态去开发潜能，你就会有用不完的能量，你的能力就会越用越强。反之，就只有怨天尤人，叹息命运的不公，变得越来越消极无为。

想要在生活中有所成就，就必须有一个好的心态。特别是在人生中不如意、不顺心、不快乐的阶段，更是需要拥有好的心态来支撑度过。

第八章

生活从来不会亏待真正努力的人

■ 青春的意义，在于你曾经拼搏过

有一段时间，微博上特别流行这段话：“当你不去旅行，不去冒险，不去拼一份奖学金，不过没试过的生活，整天挂着QQ，刷着微博，逛着淘宝，玩着网游。干着别人八十岁都能做的事，你要青春干吗？”

这句话之所以流行，我想，是因为它能够唤醒我们很多人心底那份早已沉寂的上进心。

时光像一列高速行驶的列车，匆匆而过，等你感觉青春逝去的时候，往往最后悔的是自己不曾为某个目标拼过，留给自己的是无尽的后悔。年轻就是拿来奋斗的，然后才有乐趣，难道不是吗？

青春时期，我们面对未知的未来，会有一些担忧、害怕，但仍然会鼓起勇气，继续前行。青涩的我们就在这一次次的磨砺中成长。

其实，哪一个人不是在跌跌撞撞地前行中成长起来的呢？

不管当初的困难看起来多么不可逾越，你走过来了，你就是人生的赢家。

漫长的一生，谁不曾经历过让自己难过的事情？难过、伤心都是人生无法绕过的坎坷，经历过，纠结过，人才慢慢成熟起来。最怕的是一直停留在过去，陷在让你难过的境遇中不可自拔。之所以这样，大部分原因是你意志薄弱，内心不够强大。

对于每一个年轻人来说，现在是各方面素质最好的几年，无论是身体还是精力，都经得起折腾。你苦苦为一个目标而奋斗，当然会经历一些挫折与痛苦，但正是这些挫折与痛苦，让你明白你要依靠自己，让自己变得更好，让你能够凭借自己的力量重新站起来。

经历过，你的心态就慢慢放开了，看问题的角度变了，可以接受很多事，甚至开始面对挫折时谈笑风生。态度变了，心情自然变了。

年轻时抵御风险的能力不强，却又总喜欢挑

战，不惜弄得浑身是伤，在一次次摔打和对抗中让自己变得更强。这些伤害，有时候会让我们措手不及，有时候自己就能康复治愈。仔细想想，生活中的那些磨难算得了什么？我们每一个人不都是从小练习站立、行走，然后不断跌倒，再站起来……直到我们长大成人。而生活给予我们最好的勋章，也许就是这些跌倒后留下的伤疤吧。

人生能够保有那么一点拼搏的激情，是一件多么令人庆幸的事。这代表着我们还有一点希望未曾泯灭，代表着我们还有一些梦想藏在心底。

难道不是吗？青春如果不拿来拼搏，还有什么意义？

■ 你想要的，岁月都会给你

在我们生活的周围，总有很多人在不停地焦虑着。抱怨工作辛苦，生活枯燥，薪水难以为继。

抱怨年纪不小了却仍旧单身，存款微薄未来却依旧迷茫……

微博上、朋友圈各种炫富的、晒结婚照的、晒自家宝宝照片的……无一不在狠狠摧残着这些人的神经。

以至于很多人失去了努力的耐心，总想着一夜成名，甚至想不劳而获。

在一次著名企业家报告会上，有一位年轻人向一位知名企业家提出了这样一个问题：“您能不能给我们年轻人指示一条成功直线，让我们在成功的路上少走弯路？”

知名企业家语重心长地回答道：“不能！成功从来不可能只走一条直线，成功就像登山一样，只有不怕挫折、不怕磨难，才有希望登到山顶！”

人生一世，谁没有起起落落的时候呢？越是遭遇挫折就越该打起精神来面对，如果一遇到挫折，人就变得气急败坏、沮丧，又怎能成功呢？俗话说得好：“黯然神伤时，则所遇尽是祸；心情开朗时，则遍地都是宝。”成功没有直线，只有正确认识这个道理，并让自己保持一个积极进取的心态，才能拥有真正成功的人生。

大部分人在一生中都不会一帆风顺，难免会遭受挫折和不幸。但是成功者和失败者非常重要的一个区别就是，失败者总是把挫折当成失败，从而使每次挫折都能够深深打击他争取胜利的勇气；成功者则是从不言败，在一次又一次的挫折面前，总是对自己说：“我不是失败了，而是还没有成功。”总之，关键时刻忍得住，不让自己垂头丧气，毫无斗志，才是最重要的。

成功没有直线，忍得住磨难的考验，用一种良好的心态，让自己在人生的路上坚定地前行。

当你感觉人生没那么如意，当你觉得自己再也坚持不下去的时候，请记得对自己说：没关系，这些都是我们必须经历的成长过程。

事实上，没有什么可以让你气馁的，好的坏的，都请收下，然后一声不响，继续向目标努力。

别急，你想要的，岁月都会给你。

■ 任何困难都会过去的

天空不可能永远都是晴空万里、阳光明媚，我们的人生也一样，也会有阴云密布、狂风暴雨的时候。当你面临人生的沟沟坎坎时，仔细想想，世上哪个人没有自己的烦恼呢？

农民工的烦恼是：生活怎么这么艰苦，辛苦了一辈子，为这座城市盖起来高楼大厦，自己在城市中却没有落身之处……

教师的烦恼是：做春蚕化蜡烛，兢兢业业授课，循循善诱教诲学生，可工资还不如满身油腻味的屠夫……

画家的烦恼是：活着的时候，画反响不大，死了，作品反而更畅销了……

明星的烦恼是：娱乐圈不是那么好混的，成名背后要付出很多汗水，“台上一分钟，台下十年功”，不成名一辈子要跑龙套……

记者的烦恼是：我报道一个事件容易吗？早出晚归，有时为了得到独家新闻，整宿都不能合眼……

看看上面的情形，你会发现，每个人都会有自己的烦恼，如果一个人想不开，就无法让自己生活得开心、幸福。其实，生活中没有过不去的坎儿，一味地沉迷，只会让自己陷入深渊。

人生没有过不去的坎儿，走过了痛不欲生，才会更深地体会云淡风轻；走过了漫漫长夜，才能迎来黎明。不论遇到了什么，都坚持对自己说：一切都会过去的。

我们先来看一个颇有寓意的小故事。

从前有位国王得到一块价值连城的钻石，打算把它做成一枚戒指，在里面塞进一张纸条，以便走投无路的时候，作为锦囊妙计，于是征求大臣们的意见，希望得到一句最恰当的话。

这一下，把学识渊博的大臣们难住了。众人冥思苦想，终无结果。这时一位老仆说：“我知道有这么一句话，先王曾邀请一位作家来王宫，他临走时送了我这句话。”说完在纸条上写了下来，折好交给国王。并请国王等到山穷水尽的时候再看。想不到，这一天竟然很快来到了。国王遭到外族侵略，被敌人穷追不舍，逃上死路，尽头是万丈深渊，而身后敌人的马蹄声隐约可闻，在生死攸关的时刻，国王打开了纸条，只见上面写道：“一切都会过去。”国王顿时平静下来。追兵似乎在森林里迷失了方向，抑或是走错了路，马蹄声渐渐减弱了。国王收起纸条，戴上戒指，重心集结起部队，经过苦战，收复了失地。

任何困难都会过去的，即便到了山穷水尽的地步，依旧要坚信还有柳暗花明的那一天。

■ 世界只会对优秀的人刮目相看

作家周海亮在一篇文章中记叙了自己考美专的

故事。因为感觉自己考上美专的希望破灭了，就认为被录取的人员可能被内定了。

但是他的父亲却说：“我相信你说的那些都是真的。可是，如果你足够优秀，那么他们就没有不录取你的道理。你被淘汰的理由只有一个——你还不够优秀。”

事实也的确如此，这世上的确有龌龊、有阴暗，我们不喜欢这一切，可是我们无法改变，然而我们可以改变自己。我们可以努力把自己变得非常优秀。你变得足够优秀，你才有战胜这些龌龊和阴暗的可能。当你的才华光芒四射，世界才会对你刮目相看。

上大学的时候，教授给我们讲过这样一个颇有启发的故事。

甲和乙同时应聘进一家大公司，他们的学历和年龄相似，也同样的努力的工作。一段时间后，甲升任部门主管。乙心中很不服气，但也没有办法，只能忍气吞声。

又过了一段时间，甲的职位又提升了，乙还是原地不动。

乙想不明白，他感觉自己和甲各方面都差不多，为什么自己没有被提升？他带着疑问去请教经理。经理听完乙的问题，并没有说什么，只是交代乙去看一看菜市场有没有卖土豆的。

二十分钟后，乙匆匆赶回来报告经理，菜市场只有一个老汉在卖土豆。经理问：土豆多少钱一斤。

乙说没问，转身又回到了菜市场。又一个二十分钟过去了，乙回来报告经理，土豆一元钱一斤。

经理问：如果买一百斤以上，是多少钱一斤？乙要回答出这个问题，只得再一次返回市场。

还是二十分钟后乙回来了，说买一百斤以上八毛钱就可以了。经理说：很好，那市场上除了土豆还有些什么菜呢？乙说，我再转去看看……

这时，甲到经理的办公室送资料，经理当着乙的面对甲说：去看一看菜市场有没有卖土豆的。

甲去了。经理邀请乙一起等着，二十多分钟后，甲回来了，对经理说：市场上只有一个老汉在卖土豆，一元钱一斤，如果买得多，还可发便宜，最多便宜至八毛钱，条件是必须购买一百斤以上。如果土豆不满意的话，市场上还有很多种蔬菜：黄瓜、白菜、西红柿、红薯……

之所以想起这个故事，是因为感慨于朋友老张的故事。一次朋友聚会，老张懊恼地抱怨自己现在的工作情况糟糕透了，上司要求苛刻，不尊重他，长时间不给自己提薪升职，同事们总是很轻浮地开自己的玩笑……不久，老张就离职了。

离职后的老张很快应聘到另一家公司任职，但没多久，老张就在朋友圈中宣布自己准备跳槽了。因为这家公司的领导对自己有成见，自己策划的方案明明已经很好了，却一次次被领导毙掉！“简直就是一个老变态！”老张愤愤不平地表示。

然后就果断离职了。

这几年，总是听到老张换工作的消息，大家都已经习以为常了。如今，一起大学毕业的好朋友都已经在公司成长为中层领导了，而老张还在为一份不确定的工作而经常奔波在大大小小的人才招聘市场。

其实，我想说的是，这个世界上发生的每件事都只是暂时的，即使是糟糕的日子，失眠的夜晚。每个人都难免会有一段不顺利的时光，遇到事情不顺时，拍案而起，拂袖而去，固然痛快，也许失去的是永远的机会。

如果你的优秀足以卓尔不群，出类拔萃，别人还敢忽视你的存在吗？就像一颗璀璨夺目的珍珠，原本不过只是一粒丑陋的沙子，但它承受住了忽视和平淡，直到有一天自己变成了一颗价值连城的珍珠。

在你足够优秀之前，难免会有一段被人忽视的日子，这是一段无人相伴的旅程，是一方没有星光的夜空，是一段没有歌声的时光。

所以，年轻的你不要抱怨眼前的一无所有，因为此刻正是筑梦的时候！让自己沉淀，让自己成长！让优秀变成一种习惯，当你足够优秀时，世界自然对你刮目相看！